谦德少年文库
QIANDE JUVENILE LIBRARY

给孩子的数学启蒙书

你好，数学

数学漫谈

许莼舫　著

团结出版社

图书在版编目（CIP）数据

数学漫谈 / 许莼舫著. -- 北京 : 团结出版社,
2022.1

（你好, 数学 : 给孩子的数学启蒙书）

ISBN 978-7-5126-9253-4

Ⅰ.①数… Ⅱ.①许… Ⅲ.①数学—少儿读物 Ⅳ.
①O1-49

出版: 团结出版社

（北京市东城区东皇城根南街84号 邮编: 100006）

电话:（010）65228880 65244790 (传真)

网址: www.tjpress.com

Email: zb65244790@vip.163.com

经销: 全国新华书店

印刷: 北京天宇万达印刷有限公司

开本: 145×210 1/32

印张: 42.5

字数: 758千字

版次: 2022年1月 第1版

印次: 2022年1月 第1次印刷

书号: 978-7-5126-9253-4

定价: 178.00元（全6册）

目 录 *contents*

不要随便下断语

——歪理两条

法国的数学家笛卡儿曾说过："天下的事理，非见到极明白，决不要随便就下断语。"这一句名言告诉我们在推断事理的时候，应当十二分地小心，不要凭着主观，自己觉得这样，就以为一定是这样。这种主观的判断，没有客观的真凭实据，只能算是武断，其结果十有八九会陷入错误。

这样空泛地说，也许不容易明白，下面就几何方面举两个有趣的例子吧。几何学的论证都是客观的、有根据的，当我们证明一个问题的时候，每一句话都应当有确实可靠的理由。假如我们凭着主观"想当然耳"地得出结论来，就一定会弄得谬误百出的。下面两个命题的证明，初看好像都"言之成理"，可是只要仔细推敲一下，就不难看出它们都是不能成立的"歪理"。

〔命题一〕 直线的全长等于它的一部分。

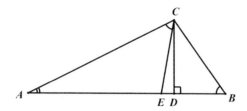

设AB是一直线，以AB为边作$\triangle ABC$（使$\angle A$为锐角），又作$CD \perp AB$，作CE，使$\angle ACE = \angle B$，于是因$\angle A = \angle A$，得

$$\triangle ABC \backsim \triangle ACE \ (a.a. = a.a.)$$

$\triangle ABC : \triangle ACE = \overline{BC}^2 : \overline{CE}^2$（相似三角形之比等于对应边之平方比）。

又 $\triangle ABC : \triangle ACE = AB : AE$（等高三角形之比等于底之比）。

$\therefore \overline{BC}^2 : \overline{CE}^2 = AB : AE$（等于同比的二比相等）。

$\overline{BC}^2 : AB = \overline{CE}^2 : AE$（移项）。

但 $\overline{BC}^2 = \overline{AC}^2 + \overline{AB}^2 - 2AB \times AD$（勾股定理的推广）。

$\overline{CE}^2 = \overline{AC}^2 + \overline{AE}^2 - 2AE \times AD$（同上）。

$\therefore \dfrac{\overline{AC}^2 + \overline{AB}^2 - 2AB \times AD}{AB} = \dfrac{\overline{AC}^2 + \overline{AE}^2 - 2AE \times AD}{AE}$（代入）。

即 $\dfrac{\overline{AC}^2}{AB} + AB - 2AD = \dfrac{\overline{AC}^2}{AE} + AE - 2AD$（分项，约分），

$\dfrac{\overline{AC}^2}{AB} - AE = \dfrac{\overline{AC}^2}{AE} - AB$（消去同类项，移项），

$$\frac{\overline{AC}^2 - AB \times AE}{AB} = \frac{\overline{AC}^2 - AB \times AE}{AE} \text{（通分，舍并）。}$$

于是 $\dfrac{1}{AB} = \dfrac{1}{AE}$ （以 $\overline{AC}^2 - AB \times AE$ 除两边）。

∴$AB = AE$（两边各取倒数）。

这就是证明了直线 AB 的全长等于它的一部分 AE，然而几何定理中明明有"全量大于部分"的一条，况且在事实上 AB 比它的一部分 AE 长，连三岁的小孩子都知道。那么上述的证明究竟错在哪里呢？

细考上述证明的各步，似乎都有定理或公理可以根据，是无法反驳的；其实倒数第二步应用的除法在代数学中有一个限制，上述例子中却忽略了这点，就犯了随意下断语的毛病。兹订正如下：

由定理"相似三角形的对应边成比例"，知道：

$AB : AC = AC : AE$

化为等积式，得 $\overline{AC}^2 = AB \times AE$

移项，得 $\overline{AC}^2 - AB \times AE = 0$

于是在前述证明中的倒数第三步应是 $\dfrac{0}{AB} = \dfrac{0}{AE}$，绝不能化为 $\dfrac{1}{AB} = \dfrac{1}{AE}$，即倒数第二步以 $\overline{AC}^2 - AB \times AE$ 除两边，实际是用了0除两边，根本是不合理的。换句话说，因为0被任何数除，商总是0，总能相等，所以虽得 $\dfrac{0}{AB} = \dfrac{0}{AE}$，但不能决定 $AB = AE$。就好比 $\dfrac{0}{3}$ 和 $\dfrac{0}{5}$ 都等于0，故 $\dfrac{0}{3} = \dfrac{0}{5}$，但$3 \neq 5$，是

谁都知道的。

〔命题二〕 凡三角形都有二角相等。

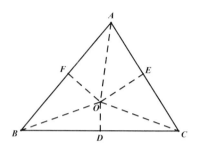

作△ABC, 作∠A的平分线AO, BC的垂直平分线DO, 二线相交于O。从O作OE⊥AC, OF⊥AB。连OB, OC。

∵OB=OC(线段垂直平分线上的点, 与线段的两端等距),

OF=OE(角的平分线上的点, 与角的二边等距),

∠BFO=∠CEO(由作图知, 垂线间的角是直角),

∴△BFO≌△CEO(s.s.rt.∠=s.s.rt.∠),

∠OBF=∠OCE(全等三角形的对应角相等)。

又∵∠OBC=∠OCB(由OB=OC, 等腰△底角相等),

∴∠OBF+∠OBC=∠OCE+∠OCB(等量加等量, 和相等)。

即∠ABC=∠ACB(部分的和等于全量, 代入)。

这△ABC原是任意的三角形, 现在证得∠ABC=ACB, 根据"三角形等角必对等边"的定理, 知三角形为等腰三角

形, 这不是一件奇怪的事吗? 其实这又是武断。客观地想,
绝不是这样的。

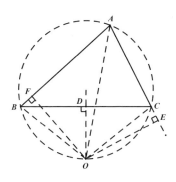

我们这样想: 若$AB=AC$, 则由定理 "等腰三角形的顶角
平分线必垂直于底边, 且平分底边", 知道$\angle A$的平分线和BC
的垂直平分线必合成一直线, 不能说相交于O。若$AB \neq AC$, 我
们作$\triangle ABC$的外接圆, 取$\overset{\frown}{BC}$的中点O, 连接AO, 则AO平分$\angle A$
(等弧对等圆周角), 即$\angle A$的平分线过$\overset{\frown}{BC}$的中点O。又因BC
的垂直平分线也过O(弦的垂直平分线平分其对弧), 所以这
两直线相交于O, 且O是$\triangle ABC$的外接圆上$\overset{\frown}{BC}$的中点, 必永远
在$\triangle ABC$的外面。再设$AB>AC$, 则 $\overset{\frown}{AB} > \overset{\frown}{AC}$ (大弦对大弧),
但 $\overset{\frown}{BO} = \overset{\frown}{CO}$, 相加得 $\overset{\frown}{ABO} > \overset{\frown}{ACO}$, 所以$\overset{\frown}{ABO} > 180° > \overset{\frown}{ACO}$
(因这两弧的和是360°), $\angle ACO>90° >\angle ABO$(圆周角等于
所对圆弧度数的一半), 垂足E在AC的延长线上, 垂足F在AB
边上(否则一个三角形内含一直角和一钝角, 是不合理的)。
同理, $AB<AC$时, 垂足E在AC边上, 垂足F在AB的延长线

上。[1]

综上所述，前述图形中的 O 在三角形内，且两垂足都在边上，这是错误的。在准确的图中，O 在三角形外，垂足 E 和 F，一在边上，一在边的延长线上，故知以前证得：

$$\angle OBF = \angle OCE \cdots\cdots\cdots\cdots\cdots\cdots (1)$$

$$\angle OBC = \angle OCB \cdots\cdots\cdots\cdots\cdots\cdots (2)$$

虽丝毫无误，但由此绝不能得到：

$$\angle ABC = \angle ACB \cdots\cdots\cdots\cdots\cdots\cdots (3)$$

为什么呢？因为（3）的左边是（1）（2）两式左边的差，但（3）的右边却不是（1）（2）两式右边的差（这是 $AB>AC$ 时的情形，若 $AB<AC$，则左右相反），所以从（1）（2）两式不能根据等量公理而得（3）式，前述的证明当然完全错误了。

1.这一段的原文，曾在《进步青年》刊出。证 O 点在 $\triangle ABC$ 外所用的方法，不免繁琐，且对两垂足 E 和 F 的一在边上和一在边的延长线上未述理由，承蒙河南偃师县立一中王蕴山同志指出，特根据王同志的意见加以修正，并在这里附致谢意。

益智谜

(1)行军不利　某国的军队占领某地,列队游行示威。因街道很宽,开始每排十人,最后一排缺少一人,这军队的司令很迷信,认为末排缺人是不吉利的,于是发令改为每排九人,但末排仍缺一人。又改成每排八人,末排仍缺一人;再改七人一排、六人一排……直到二人一排,末排终缺一人。于是这司令大为恐慌,认为这一次行军一定要失败了。试猜这队兵有多少人。但已知兵数在三千到七千之间。

(2)牧童妙语　某童牧羊归,牵羊入栏,出外散步。邻童问他:"你今天带出去的羊有几头?"牧童说:"把我的山羊数乘绵羊数,把所得的答案在镜子里一照,恰巧是山羊同绵羊的总数。"问:两种羊各多少?

(3)瓜葛之亲　李君宴客,座有赵君,李向众友介绍,称赵君是他的亲戚。众友问他是什么亲,李说:"他是我父亲的妻弟之子,又是我岳翁的侄儿;我是他姑母的侄女之夫,又是他姐夫的哥哥。"众友都瞠目不解。这李赵二君的亲族关系,读者能列一系统表来表明吗?

(4)智牛避车　一只牛闲行到铁路桥上，桥长四十八尺，该牛立在桥心的东五尺处，忽觉一火车自东疾驰而来，速率为每时一百二十里，刚好是牛走的速率的五倍，这时候距桥的东端只有二倍桥长的距离，问这牛应该向哪一方向逃走，才能保全性命？（牛的身体大小不计）

(5)故弄玄虚　甲问乙说："今天是星期几？"乙素喜故弄玄虚，回答说："若以后日为昨日，则今日与星期日的距离，等于以前日为明日的今日与星期日的距离。"那么今天究竟是星期几呢？

(6)跌碎钟面　制造时辰钟的某工人，不小心把钟上的一块瓷面跌碎，分为四块，仔细一看，发现每块上所有的罗马数字之和恰巧都相等。问这瓷面碎成了什么形状？

(7)十字成方　用木条四根，排列成如上图的十字形，现在要想移动一根，得一正方形，试问用什么方法？

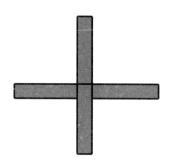

思索的三部曲

——猜数游戏

同学们遇到了一个难题，往往会想得头昏脑胀，结果还是一无所获。等到在《题解》一类的书中或同学的练习簿里看到了它的解法，好像跑得满头大汗时吃了一杯冷饮，感觉又痛快又惊异，不知不觉地会发出这样的疑问："他怎样想出来的？"这疑问的答案，不要说从演式中找不出来，就是那些聪明的懂得它的解法的人也不会告诉你。他们并不是故意在卖关子，实在是无从说起。本来，思索一个问题的方法，不是可以抽象地、概括地用言语表达出来的，必须要经过不断地学习和实际的练习，然后才能逐渐获得。因此我们不能认为学会了解决一个问题的方法，便算尽了学习的能事，最要紧的还是要学会思索问题的方法，养成良好的思索习惯。

教了二十多年数学，题目要怎样去想？这个问题，常常被人问到, 每次都苦于无从说起, 就是说也不十分彻底。在这当儿, 我只好举出实例来做回答。下面的一个小小的猜数游戏, 就是一个很好的实例, 读者看了之后, 对于思索数学问题应有怎样的过程, 也许会知道一个大概。

记得在很多年以前, 看见同学们玩着一种猜数的游戏。方法是叫你随便写下一个多位的整数, 把这数中各位的数字加起来, 从原数中减去这加得的和, 然后在所得的差中留下任何一位数字, 把其余各位数字随便颠倒地报告出来, 他就能立刻猜到你留下的是哪一位数字, 但遇到0是例外, 不要留下, 也不必报告出来。要说得明白一些, 当然必须举一个例子。假定你写下的是65271, 各位数字加起来, 得21, 相减得65250, 留下2, 报告出来的三位数字是6, 5, 5, 他立刻会猜出你留下的数字是2。

$$
\begin{array}{r}
6\,5\,2\,7\,1 \\
-\quad\ \ \ 2\,1 \\
\hline
6\,5\,2\,5\,0
\end{array}
$$

我最初看到了, 觉得很奇妙。于是开始这样想: 根本不知道原数, 单靠着报告的6, 5, 5三位数字, 怎样会立刻猜出这留下的是2呢? 要解决这一个问题, 开头好像无从着手, 但是一注意到报告的数字可以随便颠倒, 就知道猜的方法同实际的数无关, 只同各位数字有关。十位数是5, 实际的数是50，数字是5–；这是第一个关键。再注意到0可以不必报告，可见从报告的数字要猜出留下的数字来，只能用加或减的基本算法，绝对不会用到乘或除；因为用0做加数或减数是不发生影响的，所以尽可不必报告，但是乘除就完全两样了，这是第二个关键。于是任意假定各数，然后进行验证。先用前例的65271，再用55437，9889，365028，47965等分别做原数，如法炮制，各减去数字的和，都留下任意的一位，把其余各位，算是报告的先用加法算出和数，连同留下的一位数字，列下一张表。

报告的各位数字	6 5 5	5 4 1 3	9 5 5	3 4 5	3 7 4 4	……
报告的各位数字的和	16	13	19	12	18	……
留下的一位数字	2	5	8	6	9	……

那报告出来的各位数字的和，同留下的数字有什么关系呢？很容易发现16+2＝18，13+5＝18，19+8＝27，12+6＝18，18+9＝27……它们的和18，27……都是9的倍数，因此知道猜法的秘诀原来是这样："把报告的各位数字加得一个和数，在9的倍数中选出一个比那和数略大的，相减即得；若和数刚好是9的倍数，那么留下的数字就是9。"

上述游戏的谜底是给揭开了，不过这是从事实上观察得来的，只能说是应该要如此，究竟为什么要如此，这里还需做一个明确的回答。

就最初的例子，65271＝60000+5000+200+70+1，根据倍数的原则：9的倍数的任何倍仍是9的倍数；9的倍数同9的倍数的和仍是9的倍数，可得：

$$60000 = 10000 \times 6 = （9的倍数 + 1） \times 6 = 9的倍数 + 6，$$
$$5000 = 1000 \times 5 = （9的倍数 + 1） \times 5 = 9的倍数 + 5，$$
$$200 = 100 \times 2 = （9的倍数 + 1） \times 2 = 9的倍数 + 2，$$
$$70 = 10 \times 7 = （9的倍数 + 1） \times 7 = 9的倍数 + 7，$$
$$1 \qquad\qquad = \qquad\qquad 1，（+$$

$$\overline{\qquad\qquad\qquad\qquad\qquad\qquad\qquad\qquad\qquad\qquad}$$

$$65271 \qquad\qquad\qquad\qquad = 9的倍数 + 21$$

移项得65271–21=9的倍数，即65250＝9的倍数。根据算术中的质因子检验法，知道65250既是9的倍数，那么各位数字的和也是9的倍数，即6+5+2+5＝9的倍数。于是前述猜法的原理就不难明白了。

这个数学游戏的思索过程是怎样的呢？第一步是要认清问题的关键，第二步是要由"知其然"而进到"知其所以然"，把它列举出来，好像是一首三部曲：

（一）想：这是怎么一回事？

（二）想：解法是什么？

（三）想：为什么这样做就能成功？

益智谜

(8) 教堂怪钟　瑞士一位老钟表匠，一天被某礼拜堂请去安装一只大钟。因年老目力不济，他把长短两针配错了，于是短针走的速度反是长针的十二倍，配针时恰是早晨六时，短针指六，长针指十二。老钟表匠装毕回家，村人仰看这钟，一会儿已七时，后又八时、九时，大为惊异，立刻去找老钟表匠来，等他赶到，已是晚上七时有余，用表一对，准确无误，老钟表匠疑心他们有意作弄，忿忿而归。不料这钟又很快八时、九时地跑起马来。村人再去请老钟表匠，第二天早晨八时后赶到，用表校对，仍旧无误。钟表匠大怒，且骂且归。从此以后，这只钟依旧狂走，老钟表匠不肯再来。试问老钟表匠第一次返村时是晚上七时几分？第二次返村时又是八时几分？此后何时又能准确？

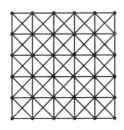

（9）**巧插金针** 在纸上画如图所示的图形，用针六枚，插在图中有黑点的地方，但在横、竖、斜各直线上都不许有两针。问怎样插？

思想的线索

——算稿补缺

　　当我们研究一个问题的时候，必须集中思想，把握思索的方法，有规律地深入到问题里去。前次所讲的"思索的三部曲"，就是一种最普通的思索问题的方法，但是问题的变化往往是很复杂的，当我们碰到这种复杂问题时，就必须灵活地运用这种思索的方法。怎样去灵活运用呢？就是首先要找出思想的线索，按照这个线索集中思想一步一步深入到问题里面去，从第一个环节找出第二个环节，以至第三、第四……环节，逐次把问题解出来，这又好比剥茧抽丝，先要寻到一个正确的头绪，从此往下抽去，就能很顺利地逐渐抽到丝尾。假使不是这样的话，我们的思想便不能集中，容易走到"胡思乱想"的路上去，这样不但不容易获得结论，往往还劳而无功，这里，我们可以用一个实例来说明。

$$a\ b\ )\ 6\ c\ 8\ d\ e\ f\ (q\ 5\ h$$
$$i\ j\ k\ 2$$
$$\overline{}$$
$$l\ 9\ m\ n$$
$$p\ q\ 4\ r$$
$$\overline{}$$
$$s\ t\ u\ v$$
$$w\ x\ y\ z$$
$$\overline{\overline{}}$$

某处的法院受理了一件案子, 其中唯一的证据是一张不完全的算稿, 列着一个除法的算草, 这算稿的大部分已残缺模糊, 只留着七个数字可以辨认, 法院无从判断, 就寻求数学家把它补足, 原稿的式样如上, 其中a, b, c, d……就是残缺的数字。

这里一共缺少二十五个数字。仔细寻求, 第一步知道r这个数字是容易推定的, 因为这是商数中的5同除数中的9的乘积的末位数字, 那一定是5。又g同9的乘积的末位是2, 这g一定是8; 因为其他的数没有一个能同9乘后末位是2的。这里已经求得$r=5$, $g=8$。

第二步, 由8减去k得9, 必须借位, 即由18减去k得9。但18的8也许被右位借1而成17, 所以k应是8或9。若$k=8$, 则由g(已知是8)乘9得72, 在$k=8$中减去7得1, 是g(8)乘b的末位数字; 但8乘任何数所得的积的末位绝不能是1, 所以$k \neq 8$, 那么一定$k=9$。

第三步，既得 $k=9$，则 g（8）乘 b 的末位数字是2，b 是4或9。若 $b=9$，则商的第二位5乘9得45，r 的左位应是9，但式中明明是4，所以 $b\neq9$，一定 $b=4$。

第四步，因 $i\not>6$，故 a 最大是8。若 $a=8$，则由 $g=8$，$b=4$，而得 $j=7$，$i=6$。但 c 最大不能超过9，若 $c=9$，被右位借1后余8，减去 j（7），得 $l=1$。但 l 至少应是5乘 a（8）的积的首位数字4，于是知道这是不合理的，即 $a\neq8$。若 $a=6$，则仿上法可推得 $j=1$，$i=5$，即使 $c=0$，尚得 $l=8$，g 就不止是8了，故 $a\neq6$，则 $a=7$。续推得 $j=9$，$i=5$，$q=7$，$p=3$，$l=3$，$c=3$。

第五步，由 $q=7$ 及上方的9，知 s 最大是2，d 最大是9，故 m 最大是7，t 最大是3，即 st 最大是23。又设 q 上方的9若被借位，则 s 仅是1，t 最小也要5（设 $m=0$，且被借位），即 st 最小是15。于是 $h=3$，因为3乘 a（7）得21，在15同23之间。续推得 $z=v=f=7$，$y=u=4$，$x=t=w=s=2$，$n=e=9$，$m=6$，最后 $d=8$。

到这里，已经从茧上的丝头一直抽到了丝尾，取得了我们所要求的蛹子。

益智谜

（10）笨兄笨弟　兄弟一对笨人，兄对弟说："十年后我的年龄是你的二倍。"弟对兄说："不，十年后我的年龄同你相等。"旁人听了，都莫名其妙。试问是什么缘故？

（11）二父二子　二父二子聚餐，用去餐费三元，欲平均分派，问各人应出多少？

（12）巧割纸条　取纸条七张，各依次自上而下写1，2，3，4，5，6，7七个数字，并列成正方形，每边都有七个字。现在要用最简单的方法分割各纸条，另行排列，仍成正方形，使每直行、横行或两对角线上的七个数字的和都是二十八。试问如何分法？

（13）植木难题　某园种植名贵果树十二株，排成如图的六角星形，计列六行，每行四株。后来园主要重新布置，改列七行，每行仍需四株，命园丁移植，但规定至多只能移植四株，园丁想了多日，无法下手，拟请诸君代筹良策。

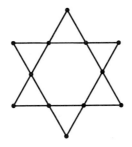

(14) **巧解石像**　某收藏家购得罗马古石像一块，是每边五尺的正方形大石板，其中纵横各划分为五等份，共得每边一尺的小正方形三十五个，每一小正方形中刻一人面凸像。某君得此，欲悬于壁上以作点缀，惟因四壁都有斗窗，隙地最宽的也只四尺，要想把这块石板锯成四块，其中的两块拼成每边四尺的正方形板，另外两块则拼成每边三尺的正方形板，不得损及人像，方法是怎样的？

(15) **矮贼被捕**　某警察追捕一贼，此贼体矮，跨步非常小，警察两步的距离，此贼需行五步。但此贼举动很敏捷，警察行五步的时间，此贼能行八步，今知贼原在警察前二十七步，问警察行多少步而捕得此贼？

(16) **三人分酒**　甲、乙、丙三人平均出钱购酒二十一瓶，同饮数次后，其中七瓶已饮尽，另有七瓶各饮去一半，尚余七瓶未饮。现在三人就要离别，欲连空瓶一并分，每人所得瓶数相等，酒量也等，不得将瓶中的酒倾倒，问用何法？

(17)巧贯九星 有上图排列的九个星形,要一笔画线通过九星,这线的各部都是直的,只准折三折,试问要怎样画法?

从错误到正确

—— 三牲共草

　　偶然碰到一位两年前初中毕业的同学，他跟我谈到他们学校里的一位数学教师。据他说，这位先生的资历很不差，上课也认真，可是遇到学生提出问题的时候，总是不能在黑板上爽快地做出来，常常不能一次做出来，要重做一两次。屡次这样，同学们看了不觉笑出声来。这位先生倒不露什么窘态，只微微地笑着说："一做就对，给你们看了没有什么益处。"同学们都认为这是他自己解嘲。这位同学的话引起我一些感想。我想，那位先生对于功课不大肯预备，题目又做得不熟，大概是事实，所以说了那句话来为自己解嘲，但是他那句话却可以给我们一些启发。

　　所谓正确，要和错误相对应才有意义。明白了这样做是错误，才能深刻认识到那样做是正确的，正确正是从错误的改进中得来的。解题思路常要先经历错误过程，不见得都是一想就对的,试看发明家发明一件新事物的过程,哪一个不是经过了多次失败的? 没有失败,又有哪一个会得到最后的成功?

这错误的思索过程,不但教科书上不会明明白白地写出来,就是教师也不易清清楚楚地告诉你。那位先生在黑板上一次两次地做错,正是一个告诉你的好机会,可惜你轻易把它错过了。

这里有一个有趣味的算术问题,大概谁也不能一算就对,正是"从错误到正确"的一个好例子。

今有一牛、一马、一羊共据一草地,这草地供牛、马共吃,可吃45日;牛、羊共吃,可吃60日;马、羊共吃,可吃90日。已知马羊食量的和,恰同牛的食量相等。问牛、马、羊三牲共吃,可吃几日?

一看题目,就知道是一个工程类的问题。假定全草地的草是1,那么牛马每日共吃草 $\frac{1}{45}$,牛羊每日共吃草 $\frac{1}{60}$,马、羊每日共吃草 $\frac{1}{90}$,二牛、二马、二羊每日共吃草 $\frac{1}{45}+\frac{1}{60}+\frac{1}{90}=\frac{4}{180}+\frac{3}{180}+\frac{2}{180}=\frac{9}{180}=\frac{1}{20}$ 。一牛、一马、一羊每日共吃草 $\frac{1}{20}\div 2=\frac{1}{40}$ 。于是得所求的日数是 $1\div\frac{1}{40}=40$ 。

依题验算,为便利计,假定把全部草地划分为180个小方块, 各方块的面积都相等, 那么一牛一马45日吃180方, 每日吃 $180 \div 45 = 4$ 方, 同理, 一牛一羊每日吃 $180 \div 60 = 3$ 方; 一马一羊每日吃 $180 \div 90 = 2$ 方。二牛、二马、二羊每日共吃 $4+3+2=9$ 方, 一牛、一马、一羊每日共吃 $9 \div 2 = 4.5$ 方。40日内一共吃 $4.5 \times 40 = 180$ 方, 恰巧吃完, 与前半题完全符合。又一牛每日独吃 $4.5-2=2.5$ 方, 一马每日独吃 $4.5-3=1.5$ 方, 一羊每日独吃 $4.5-4=0.5$ 方。马、羊食量的和是每日 $1.5+0.5=2$ 方, 但牛的食量是每日2.5方, 两者不能相等, 与后半题不合, 于是知道上述的解法是完全错误了。

经过屡次地重算, 也许会发生两三次的错误, 但是终可获得如下的正确的解法:

因马、羊食量的和等于牛的食量, 又一牛一马可合吃45日, 其中一牛可换一马一羊, 食量相同, 故二马一羊合吃, 仍可吃45日, 即二马一羊每日共吃草 $\frac{1}{45}$ (即180方中的4方)。又一马一羊每日共吃草 $\frac{1}{90}$ (即2方), 则二马二羊每日共吃草 $\frac{1}{90} \times 2 = \frac{1}{45}$ (即4方), 与前相较, 所吃的草同是 $\frac{1}{45}$, 但后者较前者多一羊, 到此时, 就产生了疑问: 这一只羊是不吃草呢, 还是题目根本错误呢? 仔细一想, 不觉恍然大悟。原来自然界中的任何现象, 都与周围的现象有着密切的联系，我们看一个问题，不能把这个问题孤立起来看，换句话说，我们不要老是在数字里边绕圈子，还得看看与此相关的各种具体情况。根据这个观点，我们不难发现，题目中所说草地上的草，它的数量并非固定不变，而是逐日在新生的，但是照上面的算法，却主观地认为草地上的草的数量固定不变，这就是造成错误的原因，从此可见二马一羊每日共吃草 $\frac{1}{45}$，二马二羊每日共吃草也是 $\frac{1}{45}$，后者所多的一羊，并非是不吃草，可看作是吃那新生的草，于是牛、羊每日共吃草 $\frac{1}{60}$，实际是牛每日独吃原有草的 $\frac{1}{60}$（即3方）；马、羊每日共吃草 $\frac{1}{90}$，实际是马每日独吃原有草的 $\frac{1}{90}$（即2方）。最后归纳起来，知道牛、马每日共吃原有草的 $\frac{1}{60}+\frac{1}{90}=\frac{1}{36}$（即5方），羊则吃新草，新旧草全部吃完，所需的日数应是 $1\div\frac{1}{36}=36$。

用代数演之，更加容易明了：

设三牲的食量（即每日所吃的草），牛是 x，马是 y，羊是 z，又这草地每日所生的新草是 u，依题意得方程式：

$$\begin{cases} x + y = \dfrac{1}{45} + u \cdots\cdots\cdots\cdots (1) \\[2mm] x + z = \dfrac{1}{60} + u \cdots\cdots\cdots\cdots (2) \\[2mm] y + z = \dfrac{1}{90} + u \cdots\cdots\cdots\cdots (3) \\[2mm] x = y + z \cdots\cdots\cdots\cdots\cdots\cdots (4) \end{cases}$$

以 (4) 代入 (1)，得 $2y + z = \dfrac{1}{45} + u$ $\cdots\cdots\cdots\cdots$ (5)

(3)×2，得 $2y + 2z = \dfrac{1}{45} + 2u$ $\cdots\cdots\cdots\cdots$ (6)

(6)−(5)，得 $z = u$ $\cdots\cdots\cdots\cdots\cdots\cdots$ (7)

以 (7) 代入 (2)，得 $x = \dfrac{1}{60}$ $\cdots\cdots\cdots\cdots$ (8)

以 (7) 代入 (3)，得 $y = \dfrac{1}{90}$ $\cdots\cdots\cdots\cdots$ (9)

因 $z = u$，即草地每日所生的新草恰可供给一只羊吃，所以这一只羊可以认为是不吃原有草的，与所求的日数无关。

于是由

(8)+(9)，得 $x + y = \dfrac{1}{36}$

故所求的日数是 $1 \div \dfrac{1}{36} = 36$

益智谜

(18) 判别夫妻　姊妹四人，分别嫁赵、钱、孙、李四君。某日，八人相聚，同到点心店里去吃饼。堂倌拿出来一大盘饼，计四十个，吃罢后把余下的均分恰尽，起身时赵说："今天的事情真巧，你们姐妹四人中长姐吃一个饼，二姐吃两个饼，三姐吃三个饼，幼妹吃四个饼，我所吃的同妻相等，钱君吃的是妻的二倍，孙君吃的是妻的三倍，李君吃的是妻的四倍，共有饼四十个，吃剩的又恰被八人均分而尽，再巧也没有了。"旁座的人听了，都猜不出谁同谁是夫妇。

(19) 火柴难题　用火柴十八根，排成两个四边形，使一四边形的面积恰为另一四边形的三倍，但所用的火柴不能折断，不能重叠，更不能各端不相衔接。问用什么方法排列？

认清对象

——环游地球

着手研究问题，应该先要认清研究的对象。假使你把对象认错了，就像做文章做得"文不对题"，不免要大闹笑话，譬如："一只羊有两只角，一锤敲下了一只角，问还有几只角？"这问题研究的对象是羊的角，敲下了一只，当然剩 $2-1=1$ 只，是毫无疑问的。再问："一张三角形的纸，一剪刀剪去一个角，还有几个角？"这个问题研究的对象好像仍旧是角，看上去只要仍用减法一算就得了，实际却是不对的，它的对象不是羊的角而是纸的角，答案应该是 $3+1=4$ 个角。又问："一块方木，共有八个角，用锯锯掉了一个角，还有几个角？"这里的对象又换成了方木的角，其答案既非 $8-1=7$，又非 $8+1=9$，却应该是 $8+2=10$ 个角了。

下面举一个很有趣的问题，你看了之后，对于"认清对象"这件事一定会感到更加重要。

在地球的赤道上，假定有人筑起了一条环球大铁道，好像在皮球的周围套了一道箍一样。我们乘上火车，从这铁道上的某一地点出发，一直向西开行。若铁道的全长，即赤道的长，是八万里，火车每一昼夜行四千里，出发时恰当正午，在火车里的日历上看到是一月一日。试问环行地球一周后仍到原处，那时再去看日历，应该是哪一日？

我想许多人都认为这是极简单的问题，因为全程八万里，每一昼夜行四千里，那当然行了80000÷4000＝20昼夜仍到原处，那时不正是一月二十一日的正午吗？

其实，你是完全搞错了。你曾注意到"火车里的日历""昼夜""正午"那几个字吗？原来这火车环行一周所用的时间确实是20昼夜；在出发地点的人看见这火车开到，确实是一月二十一日的正午，但是你却认错了你的对象，因为在火车里的日历上所示的日期却全然不同呀！火车环行地球一周用20昼夜，这每一昼夜的准确时间是二十四小时，但是人们撕下日历，不会注意到准确的时间，总是以太阳出没一次做标准的。火车里的人所见到的太阳出没，并不是二十次呀！你觉得很奇怪吗？我这里少不了要解释明白。

地球不是在自转吗？一昼夜不是自转一周吗？假使人站在太阳上，经过一昼夜，一定会看见地球从西向东自转了一周。但是人绝不能站到太阳上去，于是你在正午看见太阳当顶，经过一昼夜又见太阳当顶，就说这太阳在一昼夜间从东向西绕地球行了一周，正像人在开行的船上靠岸再在后退一样。这地球和太阳间的运动本来是相对的，客观地讲，地球在自转；就人的主观来讲，太阳在绕着地球环行。我们为了说明的便利，在这里从主观来讲，倒也无妨。于是你可以想：在20昼夜中太阳从东向西绕地球行了20周，同时火车里的人也从东向西绕地球行了一周，所以火车里的人感觉到太阳绕地球仅19周，见到太阳出没仅19次，车里的日历只撕去了19张。于是在抵达原处时，火车里的日历所示的日期当然是一月二十日了。

如果你还是没有完全明白，不妨再拿赛跑来比喻，就容易明白了。譬如你同一位赛跑健将比赛，你的技术同他差得很远，他跑三圈的时间里，你只能跑满一圈，那么当你们二人出发以后，他在跑第二圈的时候在你身旁经过一次，最后抵达终点时又在你的身旁，在出发后一共只相遇过两次。假使他跑四圈时你只跑一圈，那么当他跑第二、三两圈时各在你身旁经过一次，加上抵达终点共计相遇三次。依此类推，假使有一位神行太保和一个刚会走路的小孩子比赛，神行太保走二十圈的时间里，小孩子只走一圈，那一定要相遇十九次。这二人的相遇，正像正午时的太阳在人的头顶。可见上述的比喻同环行地球的情形，简直是完全类似的。

你们在算术中想必都学过经差和时差的算法的。地球上各地的时间，随着经度的不同而并不一致，经度相差15度，时间就相差1小时。就本题来说，火车每向西走过地球的 $\frac{1}{24}$ 周，就是移动了 $360 \times \frac{1}{24} = 15$ 度的经度，时间就提早了1小时，绕地球行了一周360度的经度，就提早了24小时，这不刚好就是一昼夜吗？

明白了上述各点，就可以继续推想，若火车向东开行时，每经过15度的经度，时间就延迟了1小时，绕地球一周就延迟了24小时，火车里的人见太阳出没共计21次，火车里的日历上所示的日期，应该是一月二十二日。

益智谜

（20）铁道架空　设想在地球的赤道上筑一条环球铁道，紧贴着地面，同套在木桶上的铁箍一样。现在把这铁道的某处截断，另取六尺长的铁轨接入其间，这时候铁道的全长增加六尺，当然不能再同地面紧贴，若用枕木架起，使铁轨的各部同地面距离相等，试问铁轨应架到多高，即问铁轨同地面相距多少？

（21）男女同餐　某机关男女职员同桌聚餐，其中一个男子说："今天真巧，我看见男女的人数恰相等。"其中一女子说："不，我所看见的男子数恰为女子数的二倍。"旁座的人听了，都很奇怪。这是什么缘故？

计划和准备

——逼走华容

　　科学的态度是做事有计划、有准备。我们在做任何一件事情之先，若不"深思熟虑"和"未雨绸缪"，那么成功的希望一定是很渺茫的。因为有了计划，就能有条不紊地逐步去做，不会浪费时间，有了准备，可以专心致志地按部就班地做事，不会因无序而慌乱。

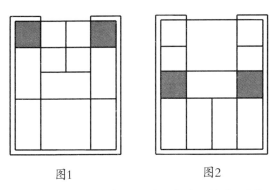

图1　　　　　　　　图2

　　这里来介绍一个非常兴趣的游戏，其名叫作"曹操逼走华容道"。

有五寸长、四寸宽的一个木盘，中间盛着十个木块，其中最大的一块是二寸见方的，放在底下，算作是"曹操"。五块是长二寸、宽一寸的长方，中间横放的一块算作"关公"，两旁竖放的四块是四员"大将"。再有四块一寸见方的是"小兵"。排列成图1的阵形，中间空着用斜线做记号的两个小方。木盘上方正中有一个二寸宽的缺口，可让曹操走出，就算作是"华容道"。现在要把这十个木块在盘内移动，不得取出盘外或离开盘底，这样挤来挤去，直到移成图2的阵形，曹操到了华容道口，关公在背后目送着他走出，这游戏就算完了。

上述的游戏看似容易，其实却是极难的。你要是没有充分的准备和详密的计划，移来移去，必致到处碰壁。因为除小兵可以见空就移、遇缺即补外，其余的木块，一不小心就会被堵住而寸步难移。这样乱撞木钟，会使你感觉灰心，结果难免半途而废。即使你下了决心，非搞成功不可，费了九牛二虎之力，很侥幸地达到目的，可是重新再玩一次的话，却又要在暗中摸索，成功与否仍旧是没有把握的。

假使我们在事前做一个准备，先非正式地移动，来寻求它的规律，可以发现下列几条：

（一）四个小兵中，每两个必须常在**一起，不得分离。**

（二）关公欲向上移，上方须有两个小兵让出横的空档；或原有竖的空档，把竖排的两个小兵改作横排，留下横的空档，让开公上移。欲向下移时类推。

（三）大将欲向右移，右方要有两个小兵让出竖的空档，或由另一大将让出，或原有横的空档，把横排的两个小兵改作竖拱，留下竖的空档来让他走。欲向左移类推。

（四）曹操欲向上或向下移时，与（二）同；欲向右或向左移时，与（三）同。

（五）关公欲上下移动时，不但前面要有两个小兵开路，后面还要紧跟着两个小兵保护。曹操上下移动时亦然，前有两兵拦截，后有两兵追赶。这样前后照顾，才可免去被堵。

（六）如图3，一大将及两小兵在左上或右上的六方寸内，可任意回旋，而在任何位置。

（七）如图4，三大将及两小兵在左半或右半的十方寸内，可任意回旋，而在任何位置。

（八）如图5，关公、曹操及四小兵在上部的十二方寸内，可任意回旋，循环不已。曹操换成两大将也可以，但必须常伴不离。

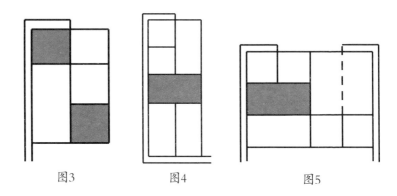

图3   图4   图5

准备工作完成之后，就开始计划，以备正式移动。计划的初步，要使曹操移右一步（曹操移上一步是极容易的，但两旁的大将却绝对不能转身），右下角的大将必须上移，但上方的大将被关公横挡着，不能越雷池一步。所以先要解决的问题是要把关公移到上角，让出空位，以供大将自由活动。要达到这个目的，必须先变成图5的阵形（但右上角不是曹操而是两大将），然后根据规律（八）让他们在上部回旋。于是"右将上，关公右（左上角成图3之形），左将上，一小兵下折左，另一小兵下，左将右，一小兵上，另一小兵左折上（规律六），关公左，一小兵下折右，另一小兵下，左将右，一小兵右折上，改竖为横（规律二）成图5之形；又关公上，两小兵同左，两大将同下，两小兵同右，关公上（规律五及八）。"移二十一块而目的达到，成图6之形。

第二步计划就是前述的使曹操移右一步（移左也是

一样），很容易就得"中央小兵上折左（规律三），两大将同左，右下角大将上，曹操右，一大将下。"移六块而成图7之形。

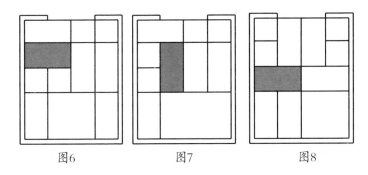

图6　　　　　　图7　　　　　　图8

第三步计划，要使曹操移上一步，由规律五，必须移去上方的两个大将。欲达此目的，依规律八就得。于是"左上的兵右折下（规律二），关公下，上列两兵同左，两将同上，中间两兵同右，关下，上方中间一兵下折左（规律三），两将同左，一兵上，另一兵右折上，关右（规律八）。"移十五块而成图8之形。这时关公在曹操的上方，虽可倚傍着同向上移，但上方一大将应设法移去。

虽然只要移四块也可以达到这个目的，但曹操上移后左方的大将就无法移动，所以必须依照规律五，使曹操的后面紧跟着两个小兵。于是因左半边像图4的形状，可先依规律七移动。"兵下折右，一将上，另一将左，兵下，将下，兵右折下，两将同上，兵左，将下，兵下，一将右，另一将上，兵左折下，将上，一兵右，另一兵下，一大将下，另两将同左（规律七），兵左折上（规律二及四），关曹同上。"移二十三块而成图9之形。

第四步计划，使曹操再向上移，四将并列于下，先完成图2下部的形式，"下列二兵同右，四将同下，上列两兵同左，关曹同上，一兵上折右（规律三），一大将右，另一将下，曹左，两兵上，三将右，一将下。"移二十块而成图10之形。

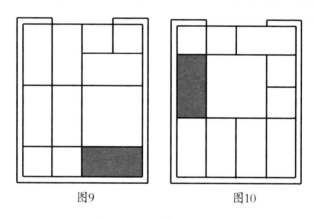

图9　　　　　　　　图10

最后一步，再依规律五及八，使上部的六块在十二方寸内回旋，终可得图2之形。"曹左，一兵左折下（规律二），关下，两兵同右，曹上，两兵同左，关下，一兵下折右（规律四），曹右，一兵上，另一兵左折上，关左移中，曹从华容道口出。"移十五块而毕。

前后统计一下，以移一块算作一次算，恰巧移动了一百次而大功告成。

益智谜

（22）计搬家具　某君筑室六间，比邻相通。前面中间是出入之所，右是会客室，中置一大餐桌，左是书房，中置一大书架。后造中为卧室，有大衣橱，右为储藏室，有大铁箱，左为娱乐室，有大钢琴（如下图）。某君的妻性好音乐，每晚奏琴，非深夜不睡。某君要想把书房同娱乐室易位，卧室同储藏室易位，这样一来，可使卧室同娱乐室相隔较远，以免琴声妨碍他的睡眠。但橱箱等都很庞大，室外又遍植蔬果，若搬出室外，必致践踏受损，且室小不能同时容二物，于是只能把这五物在六室中互移，要使琴同架易，橱同箱易，最简捷的方法是什么？

架		桌
琴	橱	箱

（23）巧移方木　某君戏制一方形木匣，每边四寸，高一寸，另制每边一寸的正立方木块十五枚，分刻1至15的十五种数字。依图1的次序排列在匣里。在右下角留有空隙。利用它可以推移旁边的木块来填补，这样挤来挤去，木块不得拿出匣外，要调成图2的形式，当用何法？

1	5	9	13
2	6	10	15
3	7	11	14
4	8	12	

图1

4	3	2	1
8	7	6	5
12	11	10	9
	15	14	13

图2

分析问题
——平分三角

　　我们遇到的实际问题，最常见的情形固然是有了已知条件去求某个结论，但也有许多是已有了结论而要寻求这结论是否正确。遇到这样的问题，应该研究这结论的成立，先要有哪些条件？再对每一个条件分别研究，看它们的成立又各要有哪些条件？这样条分缕析，次第逆推，直到同已知的条件或真理符合而止。这种"分析"的方法，在普通的几何证明题中，是一个必经的步骤。学过初等几何的同学们应该没有一个不知道的。

　　要计划如何做一件事情，在规定条件之下，不妨先把做得的结果预设，对这预设的结果来加以分析，研究要使这结果合于已知的规定条件，应先具备什么条件。一层一层地推，直到找到简单易做的初步做法而止。于是从这初步做法着手，有条不紊地把这事逐步做完。几何作图题的分析法，就是最好的例子。

下面是一个几何作图问题，现在举出三种不同的解法，以详细说明分析法：

甲、乙两农夫要平分一块三角形的田，在这块田的一边上有一个厚水的涵洞，试利用几何作图法，过这涵洞作一直线，把这块田分为二等份。

已知△ABC，又BC边上有一已知点D。

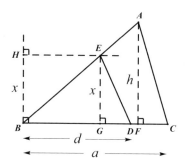

求过D作一直线，平分△ABC。

〔第一法〕分析：（1）假定DE是所求的直线，则依规定条件，知

$$\triangle EBD = \frac{1}{2} \triangle ABC$$

（2）面积作图题的分析，常是从已知的直线设法求未知的直线。现在△ABC的底BC＝a，高AF＝h，都是已知条件，又△EBD的底BD＝d，也是已知条件，设法求它的高就得。

（3）设△EBD的高EG=x，则由三角形求面积的定理，知

$$\triangle EBD = \frac{1}{2}dx \qquad \triangle ABC = \frac{1}{2}ah$$

（4）以（3）代入（1），得　$\frac{1}{2}dx = \frac{11}{2} \times \frac{1}{2}ah$

化简，得　$2dx = ah$

化为比例式，得　$2d : a = h : x$

（5）由（4），知道x的长是简单易求的，只需利用求第四比例项的基本作图法即得，于是得全部做法如下。

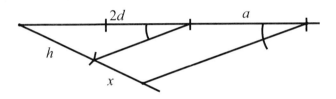

作法：（1）求2d，a，h的第四比例项x。

（2）从B作BC的垂线，在垂线上取BH=x，过H作BC的平行线，交AB于E。

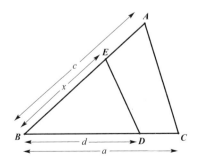

（3）连接DE，就是所求的直线。

〔第二法〕分析：（1）假定DE是所求的直线，则依题意知

$$\triangle ABC : \triangle EBD = 2 : 1$$

（2）因$\angle B = \angle B$，在$\triangle ABC$中，夹$\angle B$的两边$BC = a$，$AB = c$，都是已知条件；在$\triangle EBD$中，夹$\angle B$的一边$BD = d$，也是已知条件，设法求夹$\angle B$的另一边即得。

（3）设在$\triangle EBD$中，夹$\angle B$的另一边BE是x，则由定理"一角相等的两三角形面积之比，等于夹等角的两边乘积之比"，得

$$\triangle ABC : \triangle EBD = ac : dx$$

（4）比较（1）（3），知 $ac : dx = 2 : 1$

化为等积式，得$2dx = ac$

仍化为比例式，得$2d : a = c : x$

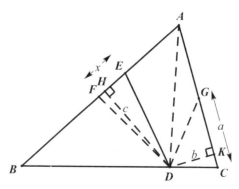

（5）故仍可用基本方法求第四比例项x的长，作法从

略。

〔第三法〕分析: (1) 假定 DE 是所求的直线, 则

$$\ddot{A}EBD = \frac{1}{2}\triangle ABC$$

(2) 作 $\triangle DAB$ 的中线 DF, 则由定理 "三角形的中线平分面积", 知 $\triangle DBF = \frac{1}{2}\triangle DAB$。

(3) 由 (1) 减去 (2), 得 $\triangle DEF = \frac{1}{2}\triangle DAC$。

(4) 参照 (2), 作 $\triangle DAC$ 的中线 DG, 则 $\triangle DCG = \frac{1}{2}\triangle DAC$。

(5) 比较 (3)(4), 得 $\triangle DEF = \triangle DCG$。

(6) $\triangle DCG$ 的底 $CG=a$, 高 $DK=b$, 都是已知的条件; $\triangle DEF$ 的高 $DH=c$, 也是已知条件, 设法求其底即得。

(7) 设 $\triangle DEF$ 的底 $EF=x$, 则

$$\triangle DEF = \frac{1}{2}cx \qquad \triangle DCG = \frac{1}{2}ab$$

(8) 以 (7) 代入 (5), 得 $\frac{1}{2}cx = \frac{1}{2}ab$

化简, 得 $cx=ab$

化为比例式, 得 $c:a=b:x$

(9) 用基本作图法求 x 的长, 即可确定 E 点。

益智谜

（24）掘洞难题　某君到郊外去散步，看见一个工人在地上掘洞，就问他说："这个洞要掘到多深呢？"工人说："我身长五尺，这时候洞的深不及我的身长，我要继续掘下去，续掘的深二倍于已掘的深，现在我的头露出于地面，掘成后将没于地面下，而彼时头顶与地面的距离，二倍于此时头顶高出于地面的距离。"某君听了莫名其妙，这个洞掘成后深多少？

退一步思考
——等积变形

　　人们思索一个问题，能退一步思考，又能进一步研究，这样就进退自如，思路易于向外拓展，解决问题也自然事半功倍。否则，一味勇往直前，就不免碰壁，或误入歧途，结果必然失败。所谓退一步思考，一般不外乎下面的两种：一是因为题目的条件太苛刻，感觉无从下手，若退后一步，先就大部分条件谋得解决，再设法使之更能适合另外的条件，到全部条件都能适合为止，这是"逐步凑合"的方法，问题的条件愈少，愈容易解决，所以这个方法实际就是把一个繁复的问题化作数个简单的问题。另一种是题目的条件泛指着普遍的情形，感觉到漫无标准，那么退一步想，先就特殊情形求得答案，再设法推广，使之更能适用于普遍情形，这是"由特殊推及普遍"的方法。我们应该知道，解决特殊情形的问题，比解决普遍情形的要便利得多。譬如要找一件东西, 没有记号又没有一定的范围, 到处乱找, 当然不容易找到。若是一件有特殊记号的东西, 已经知道它是在某一间屋里, 甚至是在某一张桌子上, 这时要找它出来, 真是易如反掌。

在几何学里面, "退一步思考"是一种极重要的思索方法, 前述"平分三角形"的作图题, 若利用这种方法, 又可寻得许多种新的解法。为证实上述观点, 现在把这个问题的另外四种解法记述如下。

已知△ABC, 且在BC边上有一已知点D。

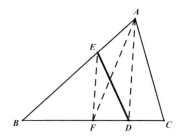

求过D作一直线, 平分△ABC。

〔第一法〕研究: (1) 若BC边上的已知点是中点F, 则过F作一直线平分△ABC, 只需连AF就得 (△的中线平分面积)。

(2) 由 (1), $\triangle AFC = \dfrac{1}{2} \triangle ABC$, 故欲适合题中的条件, 需设法过D作一直线DE, 使四边形ACDE=△AFC。

(3) 因四边形ACDE与△AFC有一部分△ACD公有, 故欲适合（2），只需作△ADE＝△ADF就得。

（4）若EF//AD，则△ADE＝△ADF（因两个相似三角形同以AD为底，且同以两平行线EF，AD间的距离为高，同底等高的两个相似三角形等面积）。

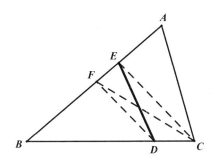

作法：（1）取BC的中点F，连AF，AD。

（2）过F作EF//AD，交AB于E。

（3）连DE，就是所求的直线。

〔第二法〕研究：（1）若BC边上的已知点是端点C，则过C作一直线平分△ABC，只需作中线CF即得。

（2）由（1），$\triangle FBC = \frac{1}{2}\triangle ABC$，故欲适合题中的条件，需设法过D作DE，使△EBD＝△FBC。

（3）因△EBD与△FBC有一部分△FBD公有，故欲适合（2），只需作△EFD＝△CFD即得。

（4）若CE//DF，则△EFD＝△CFD（参阅第一法，这是等积变形的基本作图法）。

作法：(1)取AB的中点F，连CF，DF。

(2)过C作CE//DF，交AB于E。

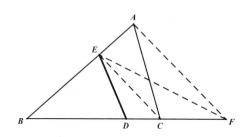

(3)连DE，就是所求的直线。

〔第三法〕研究：(1)若BC边上的已知点D能做另一三角形一边的中点，而这另一三角形同原三角形有∠B公有，则参照第一法，只需从D连这三角形的相对顶点即得。

(2)欲达到(1)的目的，需延长BC到F，使BD＝DF，再用面积等变形法，变△ABC为等积的△EBF。

作法：(1)延长BC到F，使BD＝DF。

(2)连AF，过G作EC//AF，交AB于E。

(3)连DE，就是所求的直线。

〔第四法〕研究：(1)若BC边上的已知点D能做另一三角形的顶点，且这另一三角形同原三角形有∠B公有，则参照第二法，只需过D作这三角形的中线即得。

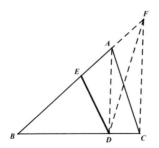

（2）欲达到（1）的目的，需设法用等积变形法，变△ABC为等面积的另一△FBD。

法作：（1）连AD，过C作CF//DA，交BA的延长线于F，连DF。

（2）取BF的中点E。

（3）连DE，就是所求的直线。

益智谜

（25）货车调位　某铁道的干路上，在a, b间筑了两条支路，汇合于c处，以备停放车辆或调车之用。有一次，在左支路的中间d处停一货车P, 右支路的中间e处停一货车Q, 干路上a, b间的f处有一火车头R。现在为便利卸货，要想用R去带动P和Q, 使它们的位置对调，你能想一个最便捷的方法吗？已知c处的轨道很短，不能同时容留两辆货车。

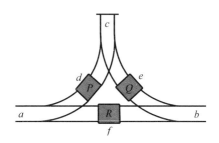

归并类化

——百鸡百钱

　　我们新遇的问题，往往可以用已知的问题的解法来解答。我们碰到这一类的问题，就可以灵活地运用已知的问题的解法来解答新遇的问题，不必另起炉灶。这种"归并类化"的方法，可以省去我们解题的不少时间，是研究科学的人应该熟稔的。

　　譬如，在前述的两篇中，我们已经知道了"过边上一点作直线平分三角形"的七种解法，假使遇到一个新问题，过四边形的一顶点，求作一直线，平分这四边形。如图，四边形ABDE，求过D作一直线平分这西边形。我们先想，若BD和DE接成了一直线，那么这四边形ABDE就成了一个三角形，D是一边上的已知点，于是我们就可以把这个问题的解法归并到前述的那个问题里面去。初步的作法是利用等积变形法，作EC//AD，交BD的延长线于C。再仿照前题从D作直线平分△ABC，至少有七种不同的作法。

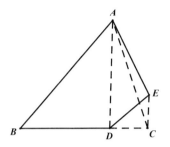

和尚吃馒头的问题，我想应该有很多人知道。"和尚一百人，吃馒头一百个，大和尚每人吃三个，小和尚三人合吃一个，问大小和尚各几人？"它的解法是仿鸡兔问题，假定100人全是大和尚，应共吃馒头100×3＝300个，但现在少了300-100＝200个，因有一小和尚便少吃馒头 $3-\frac{1}{3}=2\frac{2}{3}$ 个，所以共有小和尚 $200\div2\frac{2}{3}=75$ 人，大和尚100-75＝25人。

假如我们又碰到这样一个问题："一百文钱买一百只鸡，公鸡每只值五文，母鸡每只值三文，小鸡三只值一文，问三种鸡各几只？"一看就知道不能仿鸡兔类的问题解，那么必须要另立解法了。但是在载有这个问题的《张邱建算经》中说："公鸡增四，母鸡减七，小鸡增三。"除此以外，并没有提及它的解法。我们仔细一研究，知道这百鸡的问题，原来还是可以归并到和尚吃馒头的问题中去的，再根据这十二字增减而得答案。这是什么缘故呢？看了下面的叙述，自然就会明了。

　　和尚吃馒头是两种物的混合题，百鸡问题是三种物的混合题，把百鸡题中的三种鸡之一假定一只都没有，岂非就成了两种物的混合题，同和尚吃馒头完全一样吗？现在来试一试，改百鸡题为"一百文钱买一百只鸡，母鸡每只值三文，小鸡三只值一文，问母鸡、小鸡各几只？"这同和尚吃馒头的问题非但类似，连数目都一样。依样画葫芦，立刻可求得母鸡是25只，小鸡是75只。最后根据《张邱建算经》的话，分别增减，先得第一种答案：公鸡0+4＝4只，母鸡25-7＝18只；小鸡75+3＝78只。依题验算，完全无误。若继续增减，又可得第二种答案：公鸡4+4＝8只；母鸡18-7＝11只；小鸡78+3＝81只。第三种答案：公鸡8+4＝12只；母鸡11-7＝4只；小鸡81+3＝84只。分别验算，都无错误。若再增减，母鸡数要成负数，当然是不合理的，所以没有第四种答案了。

　　为什么经过了这样的增减，就得到了答案呢？研究一下，知道公鸡增四，值钱二十文；小鸡增三，值钱一文；增加的鸡共计七只，值钱共计二十一文；同时，减少的母鸡也是七只，值钱也是二十一文，增加的数和减少的数双方恰可相抵。从此知道原来一百只鸡值钱一百文，经过增减后仍是一百只鸡，仍值钱一百文。

　　那么这增减的数是怎样知道的呢？《张邱建算经》中并没有交代明白，我们可用代数的方法把它们求出来。

设公鸡增 x 只，母鸡减 y 只，小鸡增 z 只，增减的鸡数恰可相抵，且增减的钱数也恰巧相抵，则得方程式

$$\begin{cases} x+z=y \cdots\cdots\cdots\cdots(1) \\ 5x+\dfrac{1}{3}z=3y \cdots\cdots\cdots(2) \end{cases}$$

（2）×3　$15x+z=9y$　　（1）×15　$15x+15z=15y$

（1）×1　$\dfrac{x+z=y(-}{14x=8y}$　　（2）×3　$\dfrac{15x+z=9y(-}{14z=6y}$

$\qquad\quad 7x=4y \qquad\qquad\qquad\quad 7z=3y$

$\qquad\quad x:y=4:7 \qquad\qquad\qquad y:z=7:3$

∴ $\qquad\qquad\qquad x:y:z=4:7:3$

这 x，y，z 的数值，本来可以不限定是 4，7，3，只要它们能成这样的连比就得。譬如用它们的 2 倍，即 8，14，6。在开头求得的 0，25，75 三数上增减可得第二种答案；用三倍的 12，21，9 增减，可得第三种答案。

益智谜

（26）**百卵百钱**　一百文钱买蛋一百个, 鹅蛋每个值五文, 鸭蛋每个值三文, 鸡蛋两个值一文。问三种蛋各几个?

（27）**棋分黑白**　取黑白棋子各三粒, 排成一行, 使白子在一端, 黑子在另一端。今取每相邻二子移动三次, 变为黑白相间。但中途不得有空四子的位置, 最后需连续不空。现在把移动的方法举示如下:

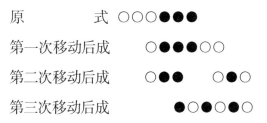

原　　　　式　○○○●●●
第一次移动后成　　○●●●○○
第二次移动后成　　○●●　　○●○
第三次移动后成　　●○●○●○

若自左端起向右数得的第一粒称左1, 第二粒称左2……自右端数起时改称右1, 右2……则上述的三次移法可记述为:（一）左1, 2;（二）左4, 5;（三）左1, 2。问黑白棋子各四粒（需移动四次）或多于四粒时, 移动的方法怎样?

（28）**列杖成方**　某百货公司布置橱窗, 要用八根二尺长的手杖和四根一尺长的手杖列成一尺见方的许多小正方形。但手杖需完全附着于橱板，且手杖不能交叉搁起。该公司悬赏请顾客代为设法，能够排成的赠手杖一根以作奖品。读者请来一试，有得奖的希望否？

推陈出新

——勾股容圆

前面我们谈到把新遇到的问题归并为已知的问题，现在我们进一步来谈谈由已知的问题推知新问题。就研究的效果说，看上去归并类化的方法不过是做了一番整理工作。

从已知的问题推知新问题实际并不是这样，因为这个方法是推陈出新，在研究上又往前进了一步，所以它就更加可贵了。就数学的范围说，人类最初的计算方法，仅有极简单的整数加减法，后来遇到了许多相同的数累加，觉得很麻烦，于是产生新的问题："有没有简便的方法来代替许多相同数的累加呢？"因此发明了乘法。再由一数累减许多相同的数，也因同样的需要而发明了除法，以后，又因被除数小于除数而发明分数；被减数小于减数而发明负数；定开方不尽的数为根数；负数的平方根为虚数……由于一连串的新问题，才有一连串的新发明。数学有今日之进步，不都是全靠着"推陈出新"吗？

前面曾经讲过一个平分三角形的问题，读者能加以推阐吗？在这里，我们不妨来一次自我测验，试试看，把这三角形分成三等份可以吗？四等份、五等份……可以吗？从四边形的顶点作直线平分它，或把它分作三等份、四等份……可以吗？这一个点在四边形的边上会怎样？从任何多边形的顶点或边上的点作直线，把它分作任何等份都可以吗？

下面另举一个几何的例子，可以作为参考。

学过初等平面几何的同学，大概都知道这么一个问题："直角三角形（勾股形）的内切圆直径（$2r$或d），等于从两直角边（勾a和股b）的和，减去斜边（弦c）。"它的证法很早就有了，这里做一个简略的复述。

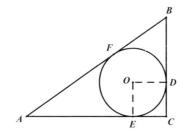

因 $CEOD$ 是正方形，故 $OD+OE=DC+EC$

$=BC-BD+AC-AE$

$=BC-BF+AC-AF$

$$=BC+AC-AB$$

即 $d=a+b-c$

加以推阐,换了一直角边外的傍切圆会怎样呢?

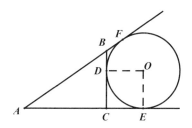

因 $AE=AF=AC+CD$

$=AB+BD=\dfrac{1}{2}(a+b+c)$

又 $r=CE=AE-AC$

$=\dfrac{1}{2}(a+b+c)-b=\dfrac{1}{2}(a-b+c)$

故 $d=a-b+c$

在斜边外的傍切圆,它的直径是怎样的?

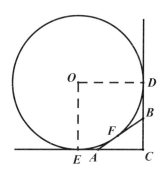

因 $OD+OE=CD+CE$

$$=BC+BD+AC+AE$$

$$=BC+BF+AC+AF$$

$$=BC+AC+AB$$

故 $d=a+b+c$

中心在一直角边上而切于其他两边的圆,它的直径怎样?

因 $AD=AC=b$, $BD=AB-AD=AB-AC=c-b$,

故 $\triangle ABC=\triangle AOD+\triangle BOD+\triangle AOC$

$$=\frac{1}{2}br+\frac{1}{2}(c-b)r+\frac{1}{2}br$$

$$=\frac{1}{2}cr+\frac{1}{2}br=\frac{1}{2}(c+b)r$$

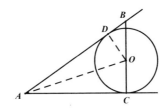

但 $\triangle ABC=\frac{1}{2}ab$

故 $(c+b)r=ab$

即 $d=\frac{2ab}{c+b}$

中心在一直角边的延长线上而切于其他两边的圆,它的直径怎样?

因　$BD=BC=a$　　$AD=AB+BD=c+a$

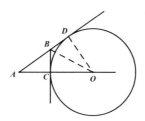

故 $\triangle ABC=\triangle AOD-\triangle BOD-\triangle BOC$

$$=\frac{1}{2}(c+a)r-\frac{1}{2}ar-\frac{1}{2}ar$$

$$=\frac{1}{2}cr-\frac{1}{2}ar=\frac{1}{2}(c-a)r$$

但 $\triangle ABC=\frac{1}{2}ab$

故 $(c-a)r=ab$

即 $d=\dfrac{2ab}{c-b}$

最后, 换了一般的三角形, 能否求得它的内切圆及傍切圆的直径呢?

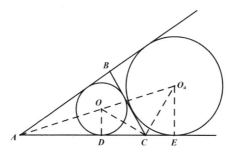

设内切圆的半径 $OD=r$, 傍切圆的半径 $O_aE=r_a$, 因

$$\angle OCD=\angle OCB$$

$=90° -\angle BCO_a$

$=90° -\angle ECO_a=\angle CO_aE$

得 $\triangle ODC \backsim \triangle O_aEC$

故 $OD:CD=CE:O_aE$

设 $a+b+c=2s$, 则 $AE=s, AD=s-a, CE=s-b, CD=s-c$

代入前式, 得 $r:(s-c)=s-b:r_a$ ·······················(1)

仿上法, 可证 $OD:AD=O_aE:AE$

仍以前设代得 $r:(s-a)=r_a:s$ ·······················(2)

(1)(2)相乘, 得 $r^2:(s-a)(s-c)=(s-b):s$

故 $r=\sqrt{\dfrac{(s-a)(s-b)(s-c)}{s}}$

又由(2), 得 $r_a=\dfrac{s}{s-a} \cdot r$

以上式代入, 得 $r_a=\sqrt{\dfrac{s(s-b)(s-c)}{s-a}}$

而直径 $d=2r, d_a=2r_a$, 故可求。

益智谜

(29) **智猜帽色** 有甲、乙、丙三人顺次列队,甲面向前方,乙向着甲的背,丙又向着乙的背。另有一人取红帽两只、蓝帽三只,取出其中三只,分别戴在甲、乙、丙三人的头上。这人叫甲、乙、丙各猜自己头上的帽色,未猜之前只许看前面的人的帽子,但不准回头看。丙先看了一看甲、乙二人的帽子,猜不出自己头上的帽色,接着乙看了甲的帽子,也说猜不出自己的帽色。最后甲就说:"我的帽子是蓝的。"一看果然不错。请问甲是怎样猜出来的?

(30) **火里逃生** 王君偕其妻及二子赁居于高楼,楼下居民杂居,如有火险,极为危险。为未雨绸缪,王君在窗外装一大滑轮,放上悬绳,两端各系一篮,绳长同楼高相仿,二篮载重不均时,重的能自由降下,达于地面,同时轻的上升而恰抵窗口,以备一出事时,可跨入篮中,由此下楼。某夜果遇失火,等到发觉,楼梯已断,王君等急欲入篮逃生,但二篮所载重量相差不得过三十斤。已知王君体重九十斤,王妻是大胖子,重二百一十斤,长子重六十斤,幼子重三十斤,今欲下楼,问最快捷的方法是什么?

(31)十友聚饮 知友十人,预约每日公毕,同到酒店小饮,轮流做东,饮时对坐在大餐桌的两侧,每侧五人,规定每人需敬同侧的人各一杯,并自陪一杯。饮毕付账,第一天由某甲做东,计付款一千元(纯系酒价)。次日轮乙做东,携款千元赴约,入席时一侧误坐六人,他侧四人,初未觉察。等到依甲例饮毕付账,某乙大窘,幸而向友人借到了若干元,才算把账付清。请问是什么缘故?

(32)鼠啮票据 某布号向外埠厂家批到绒布二百七十四匹,附来发票一纸,途中被鼠吃去一块,每匹价值几元,共计几万几千五百八十元,已无从稽考。但因急于应市,不及探询,拟请读者设法算出。但已知每匹价格在二千元至二千五百元之间。

适应环境

——均分四角

　　我们知道了一个问题的解法，不是把它死记下来便算完事，要知道问题的条件发生变化能影响到问题的答案。为应对问题条件的改变，有时要把原来问题的解法加以活用。总之，解答问题要以事实来验证，而问题又千变万化，它的答案也不是一成不变的。

　　这里有一个几何作图题："从四边形（$ABCD$）的一边（BC）上的一已知点（E），求作两直线，把这四边形分成三等份。"我们可用等积变形法，先如图1，作EA，ED的并行线，各交DA，AD的延长线于F，G，变四边形$ABCD$为等面积的$\triangle EFG$。再三等分FG于H，K，连EH，EK即得。

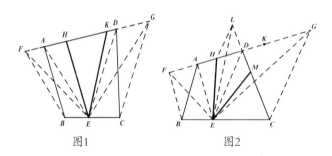

图1 图2

在另一条件下，如图2，依前法分FG为三等份后，分析知
EH虽是所求的直线，但K点不在AD边上，EK就不是所求的直
线了。要适应这一改变，应该设法在CD边上另求一点才对。于
是作HL∥ED，交CD的延长线于L，变四边形ECDH为等积的
△ECL。再平分CL于M，连EM即得。

再换一个条件，如图3，仍依
前法分FG为三等份，实际上H，K
两点都不在AD边上，上述方法都
无效，于是设法在AB，CD两边上
各求一点而得所求的线。因

△DEG＝△DEC

故△AEG同四边形AECD等
面积。于是作GL∥EA，交BA的延长

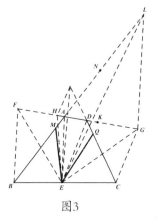

图3

线于L，变△AEG为等面积的△AEL，同四边形AECD也是等
面积，故△BEL同四边形ABCD等面积，再三等分BL于M，N，
得所求的一直线EM。因N不在四边形的任一边上，所以要另
辟新路。又因

$$\triangle EGH = \frac{2}{3} \triangle EGF = \frac{2}{3}$$

四边形ABCD=五边形AMECD，

两边各减去$\triangle DEG = \triangle DEC$，得$\triangle HED=$四边形AMED，于是作HP//ED，交CD的延长线于P，变$\triangle HED$为等面积的$\triangle PED$，同四边形AMED也是等面积，故$\triangle PEC$同五边形AMECD等面积。最后，平分CP于Q，得所求的第二直线EQ。

有时一个问题用常法求得答案后，因为被条件所限制，答案往往无用。这时若能把这不合用的答案加以合理的解释，或适当地处置，不一定是全然无用的。例如，在代数中用方程式解应用问题得了负根，若这所求数有相反的意义，则用它的相反意义来解释这负根，仍旧是合理的。下面再举一个特殊的例子，以做说明。

前述百鸡的问题，若假定没有母鸡，则"一百文钱买一百只鸡，公鸡每只值五文，小鸡三只值一文，问两种鸡各几只？"可先假定一百只全是公鸡，应值钱5×100=500文，现在少去了500-100=400文，是为了还要有小鸡，若有小鸡一只，价值应少$5 - \frac{1}{3} = 4\frac{2}{3}$文，所以共有小鸡$400 \div 4\frac{2}{3} = 85\frac{5}{7}$只，公鸡$100 - 85\frac{5}{7} = 14\frac{2}{7}$只。实际分析一下，鸡的只数绝不能是分数,这答案岂非是不合理吗? 但是这不难设法补救,因为这原是假定的数,应该用比等于4∶7∶3的三个数来增减才是。三个数的连比能成4∶7∶3的,不论整数或分数,种数多到无穷。要使前三种鸡的只数顺次是 $14\frac{2}{7}$,0,$85\frac{5}{7}$,经增减后得整数,只要用4∶7∶3的 $\frac{1}{7}$ 就好了。于是用 $\frac{4}{7}$,$\frac{7}{7}$,$\frac{3}{7}$ 增减(因母鸡数原是0,只能增,不能减,故不同于前法,这里改增为减,改减为增),连续四次而都成整数。现在为方便,可用4∶7∶3的 $\frac{4}{7}$ 增减,仅一次就得公鸡 $14\frac{2}{7}-2\frac{2}{7}=12$ 只;母鸡0+4=4只;小鸡 $85\frac{5}{7}-1\frac{5}{7}=84$ 只。这是一种正确合理的答案。再继续用4、7、3三数增减,可得其他的两种答案。

益智谜

（33）挂灯结彩　庆祝胜利的一天，某处路口扎一彩牌。用鲜花、松柏同缀有电灯的电线组成彩绳，交叉连结，成方圆三角诸形。彩绳所经的路径，如图黑线所示，因绳长仅够敷用，故线路不许重复。又因电路必须流通，故不许剪断缀续。结牌时工人颇为踌躇，这绳应以何处为起点，何处为终点，要请富于巧思的人来指导他。

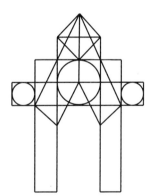

（34）家族渡河　某家有夫妇二人同两个儿子，带了一只狗外出，要渡过一条河。渡口有一载重一百斤的小船。夫妇二人各重一百斤，二子各重五十斤，狗的重不满五十斤。当时夫命妇先渡，但到彼岸后没有人把船送回，于是重渡回来，另想别法。因无处寻觅舟子，又都不会游泳，心里非常焦急。要请诸位代为设法。

（35）兄弟论年　兄弟二人闲谈，兄对弟说："六年前我们两人年龄的和已满一百岁了。"弟说："不错，我记得从前你的年龄是我的三倍时，你恰巧同我现在的年龄相同。"兄笑着说道："这话给人家听了，一定不会知道我们现在的年纪的。"问兄几岁，弟几岁？

深入浅出

——零的漫谈

高深的数理，往往是一时难于了解的，但是我们假如能够用浅显的事实来说明，那就容易明了了。举一个简单的例子，在算术中有一条分配定律，用一数去乘两数的和或差，等于用这数分别乘两数，再求这两个积的和或差。用公式表示，就是：

$$(a+b)c=ac+bc\cdots\cdots\cdots\cdots\cdots(1)$$

$$(a-b)c=ac-bc\cdots\cdots\cdots\cdots\cdots(2)$$

假定有一个问题："兄每月赚50元，弟每月赚30元，问一年内二人共赚多少元？一年内兄比弟多赚多少元？"求共赚的元数有两种算法：第一种先求一月内二人共赚50+30=80元，于是知一年内共赚80×12=960元。第二种先分别求各人在一年内所赚的，兄是50×12=600元，弟是30×12=360元，于是知一年内二人共赚600+360=960元。由此可以

断定这两种算法所列的算式一定是相等的, 即

$$(50+30)\times12=50\times12+30\times12$$

这同分配定律的公式(1)不是完全一样吗? 若求兄比弟多赚的元数, 也有两种算法, 分配定律的公式(2)同样可以说明。

繁复的理论, 往往是不容易记忆的, 但是若能够用浅显的事例来做比喻, 自然可以牢记不忘了。譬如在算术中有一条倍数的原则:"甲数是乙数的倍数时, 甲数的倍数也做乙数的倍数。"做一个比喻: 有老大、老二、老三兄弟三人, 老二是老三的哥哥, 那么老二的哥哥——老大, 也做老三的哥哥。这样一来, 他们相互间的关系不是非常明显吗?

上述的"深入浅出"的方法, 是研究科学的人都应该熟谙的。这里再举一个例子, 借此引起你的学习兴趣。

初学数学的人对于"零"的计算常会搞不清楚, 尤其是关于零的除法, 简直觉得不可思议。其实用下面的事例来做说明, 也就不难彻底明白了。

假定张三有十元钱, 李四没有钱, 李四假作慷慨, 把钱全部送给张三, 那张三仍旧只有十元钱; 若张三可怜李四没有钱, 大发慈悲, 把所有的钱都给了他, 那李四就有了十元了。若张三、李四是一对穷光蛋, 都不名一钱, 还在假装客气, 那不论张三的给了李四, 李四的给了张三, 大家还是不

名一钱。这是关于零的加法，可列算式如下：

$$10元+0元=10元 \quad 0元+10元=10元$$

$$0元+0元=0元$$

你若是原有十元钱，想去买物没有买成，结果还是十元，你原来没有钱，想买价值十元的某物，当然买不成，但是向人借了十元债，就买成了，结果负了十元债，得的是一个负数。你原来没有钱，想去买东西又没有买，结果仍旧是没有钱。这是关于零的减法，得算式：

$$10元-0元=10元 \quad 0元-10元=-10元$$

$$0元-0元=0元$$

王老二做一天工可得工资十元，忽然生了病，这一天他没有去做工，他的工资当然是拿不到了，假使他病了十天，这十天内一天也没有拿到工资，结果就完全没有工资了。每天拿不到工资，又是一天也没有做，当然没有工资。这是零的乘法，可列算式：

$$10元×0=0元 \quad 0元×10=0元 \quad 0元×0=0元$$

父亲每天带回家一大包糖，平均分给十个孩子，某一天忘记了买，空着手回来，十个孩子只好空咽着唾沫，一粒糖也不能到嘴。这是被除数等于零的除法，算式是：

$$0粒÷10=0粒$$

前面讲过的张三和李四身上都找不出一元钱来，但是他们却在自得其乐, 互开玩笑。张三对李四说:"我的钱是你的十倍。"李四对张三说:"我的钱是你的二十倍。"你想他们哪一个说得对? 其实都是对的。因为0元的十倍仍是0元, 0元的二十倍也是0元, 无论你算作是多少倍, 都讲得通。这无论多少的数叫作"不定", 可以用记号 $\frac{0}{0}$ 来表示。这是被除数和除数都是零的除法, 算式是:

$$0元 \div 0元 = \frac{0}{0}$$

除数等于零的除法是怎样的呢? 你也能够举一个实例吗? 要解决这一个问题, 却没有像前面那样的简单。现在先列一个以零除一的竖式, 以备研究:

$$0\overline{)1}$$

假定商数是1, 拿这1乘除数0, 得0, 从被除数1内减去, 余下1; 改商2, 以2乘0仍得0, 减得余数仍是1; 改商3……还是余1。总之, 无论商是几, 结果都余1, 这除法当然是无法可做, 这问题也就求不到答案了。

在近代的数学中, 差不多每一个问题都是有答案的, 不过有一些问题求到答案后不合实用, 有些求到答案后要加以适当的解释。这除数是零的除法, 绝不能说是不可能, 应该有答案, 或是可解释的。诸位若是不信, 请看下举的事例:

　　在抗战以前, 拿一元钱可买米一斗, 这时一石米值十元; 后来物价逐渐高涨, 一元钱只能买一升米了, 这时一石米就要值一百元; 通货不断地恶性膨胀, 物价也无尽期地上升, 等到一元钱只能买一合米的时候, 每一石要值一千元了; 一元钱只能买一勺米时, 一石要值一万元了⋯⋯当时人们害怕, 要是一直这样下去, 终有这么一天, 一元钱只能买到一万万万分之一勺的米, 这时一石的米价将要大到怎样呢? 你能想象得到吗? 现在先用算式表示如下, 然后再来加以研究。

$$1石÷0.1石=10（元）\quad 1÷0.01=100（单位略）$$
$$1÷0.001=1000\quad 1÷0.0001=10000⋯⋯$$
$$1÷0.\underbrace{00⋯⋯001}_{一万万位}=1\underbrace{000⋯⋯}_{一万万个0}.$$

　　在上面依次推得的最后一式, 右边的数是在1字后面紧跟着一万万个0, 这数你能读得出吗? 我想你一定会读, 可是当真要读给我听却办不到。为什么呢? 因为1字后面跟着四个0是一万, 跟着八个0是一万万, 以后每增四个0就要多读一个"万", 现在有一万万个0, 就要在一字下连读二千五百万个万, 二千五百万这个数目, 你从前也许时常听见, 时常挂在嘴边的吧, 你在解放以前不是经历过吗? 买起东西来, 总是几百万元、几千万元的, 似乎算不得什么稀罕, 但是你要连读二千五百万个万字, 却不是一件容易的事。假定你读得很快，一秒钟能读十个万字，一共也要费掉二百五十万秒，你就是整晚不睡觉，连日连夜读下去，也得要二十九天才能读完，你办得到吗？这还不算，假使再推下去，除数有了一万万万位小数，那商数岂不是要有一万万万个0，那时你要想把它读完，不是要二十九天的一万倍，约八百年吗？你哪有这样长的寿命？笑话归笑话，言归正文。

照这样看来，除数在十倍、十倍地减小，商数在十倍、十倍地增大，除数减到千千万万位小数的末位才是一个1，商数增大到1下千千万万位的0。这时的除数小到几乎没有，差不多是0了，好像通货恶性膨胀时期钞票的价值贬到等于废纸一样。但是商数呢，大到不可思议，大到无从说起了，好像堆满了钞票也买不到一粒米一样。于是我们可以这样说：除数是零的，无论被除数是多少，商数是无穷大，用记号∞来表示，列成算式，得：

$$1 \div 0 = \infty$$

益智谜

(36) **渔翁妙语**　某渔翁携鱼归, 有人问: "你今天捕到了多少鱼?" 渔翁说: "我今天捕得无头的六, 无尾的九, 又八的一半。" 问的人瞠目不解, 要请诸位代为说明。

(37) **工作比赛**　杂货商某甲, 每分钟能包一斤的糖两包。布商某乙, 每分钟能剪一尺长的布三块。有一天, 有人拿许多糖叫某甲包成一斤一包, 共四十八包, 又拿四十八尺长的一匹布叫某乙剪成一尺是一块的, 共四十八块。两人同时工作, 中途共有九分钟的休息时间, 已知乙的休息时间是甲的十七倍, 求这两人比赛的结果。

(38) **巧妇分米**　甲农入市购米, 乙、丙两农托他代购, 每人八升, 甲自己也想购八升, 于是带了一只容量二斗四升的器具。买回来以后, 乙拿来一只容量一斗三升的器具, 丙拿来一只容量一斗一升的器具, 三家都没有斗和升, 这便无法可分。正踌躇间。甲妻寻得一只能容五升的瓦罐, 把米在四只器具中辗转倾倒, 经七次而甲、乙、丙的三容器恰巧各是八升。问此妇是怎样倒的呢?

寻求事物的规律

——秘密号码

宇宙间的事物虽千变万化，但是总遵从着一定的规律，科学研究的门类虽多，但用一句话概括，不过是在寻求事物的规律罢了。我们在日常生活中要是能够随处留心的话，就会时常发现这些事物所遵从的规律。

譬如银行保管库的库门上，通常都装着一种"号码锁"，你知道它的用法，研究过它的原理吗？这里面就藏着一种规律，虽然很简单，但是普通人不见得都会去深究的。现在要说明它的原理，应该先略述它的构造。那是用三五个金属的轮，像几块银币般叠在一起的，每一个轮的周围，依着顺序环列二十六个英文字母，轮心里都做成缺刻，放好锁簧，把它们嵌在门内。使用时先任意定好字母的顺序，譬如KCU假定是用三个轮的，这就叫作密码，是保守着秘密的。于是旋转左边第一个轮，使K字露在门外的正中，旋第二轮使C在正中, 旋第三轮使U在正中, 这时把门阖上, 锁簧就锁上了。接着再把各轮任意旋转, 使字母的顺序搅乱即可。开门时不用钥匙, 只要旋转各轮, 使轮上的字母仍依原先的密码露在正中, 再把门钮一旋就开了。

你或许要怀疑, 这不是容易被人家偷开吗? 其实尽管放心。因为在二十六个字母中间, 要取出任意三个字母, 做任意的排列, 种数多到将近两万, 要是不知道密码, 你想碰碰运气, 怎么会这样凑巧呢? 那还只假定用三个轮子, 若是用了五个, 字母顺序的变化要多到千万种, 这时要想偷开, 更是做梦。

我们来把字母排列的种数研究一下, 不是很有趣吗? 要研究这个问题, 应先从两个字母的排列开始。我们略一思索, 就知道除AA, BB, CC……两个相同字母连成的26种外, 其余都是两个相异字母连成的。因为用A打头, 把其余25个字母分别配在它的后面, 就有25种; 用B打头, 把其余25个字母配在后面, 也有25种; C, D……打头都是一样, 共计有26×25=650种。这样说来, 两个英文字母的排列, 把两字母相同的和相异的合并计算, 共有26+650=676种。

上述的种数676, 是把两字母相同和相异的分别算出来, 再合并而得的。实际一并算出来, 更觉容易。因为每一个字母的后面可以把连自身在内的26个字母配上去, 得26

种,于是26个字母可得26×26=676种。

接着可以研究三个字母的排列。先分别按照下列的三项讨论:

(一)三个字母全同,就是完全重复的,像 *AAA*, *BBB*, *CCC*,计有26种。

(二)两个字母相同,另一个字母相异,就是有两个字母重复的,在 *AA* 后面配上其余25个字母,可得25种; *BB* 的后面配其余25个字母,也得25种; *CC*, *DD* ……都是一样,共计可得26×25=650种,但是这样的字母组每一种还可变换顺序而另得两种,例如 *AAB*,可变换而得 *ABA* 和 *BAA*,于是知道实际共有26×25×3=1950种。

(三)三个字母完全不同,即完全不重复的,根据前述两个相异字母的排列有26×25=650种,可以在这样组合的后面,配上除掉这两字母外的24个字母,例如在 *AB* 下可配 *C*, *D*, *E* ……24个字母,得24种; *AC* 下可配 *B*, *D*, *E* ……24个字母,也得24种,其余类推。于是知道一共可得26×25×24=15600种。

综合上述三项,知道三个字母的排列,把有重复字母和没有重复字母的一并计算,共有26+1950+15600=17576种。

其实这里也不必分别计算,无论重复和不重复,两个

字母的排列既有26×26=676种, 那么每种的后面可以把连
已经有的共26个字母配上去, 得26种, 一共就有26×26×26
=17576种。

　　照上面看来, 把字母重复和不重复分别计算相当麻
烦, 若一并计算, 就非常简捷, 那么何必要这样不辞劳苦,
用这么麻烦的方法呢? 这话固然不错, 不过这种排列法的
问题, 实用上碰到的机会很多, 能重复的和不能重复的都
有, 这里都研究过了, 将来解决实际问题, 是很有帮助的。

　　到这里, 我们把上述的事实推广一下, 可以寻求到两个
重要的规律, 就是下列的两条定理:

　　【定理一】在若干件 (例如26) 东西里取出若干件 (例
如3) 来, 做各种不同顺序的排列, 若不能重复, 则排列的种
数等于若干个连续整数的乘积 (例如26×25×24), 这连续
整数的个数等于取出的件数 (例如3), 连续整数中的最大
一个等于原有的件数 (例如26)。

　　【定理二】同上, 若可以重复, 则排列的种数等于原有
件数 (例如26) 的乘方 (例如26^3, 即26×26×26), 这乘方的
次数 (即指数) 等于取出的件数 (例如3)。

　　有了这两条定理, 号码锁有四个或五个轮子时, 那字母
排列的种数都不难推得了。现在再举一个例子, 来做本文
的结束。

　　假定你们有兄弟七人，你的父亲每天早晨要在你们七个人里面选出三人整理房间。一人扫地，一人抹桌椅，一人擦窗户，要绝对公平地轮值下去。每天轮到的三人依次变换，工作的种类也依次变换。这样下去，要变化完全需经过几天呢？这就是在七件东西里取出三件，做不同顺序而又不重复的排列问题。答案从定理一得7×6×5＝210，就是在二百一十天内可轮值一周，以后再一遍一遍地轮下去，这数目并不大，你不妨排下一张工作分配轮值表，一试就知道这答案是不错的。

　　假使你的父亲准许你们一个人兼做两件工作，甚至于一个人把三件工作全部包办下来，那么连原来三个人分别做的都算在里面，要经过几天才变化完全呢？这实际就是在七件东西里取出三件，做不同顺序而可以重复的排列问题。从定理二得7×7×7（即7^3）＝343，要经过三百四十三天才轮完。

以小喻大
——八仙让座

　　事物的规律不是一想就会完全明白的，通常都要先简单地研究，再逐渐推到繁复。

　　在数学上，多半从最小的数着手研究，再由浅入深地推及一切较大的数。前述号码锁的问题，就是利用这个方法得出了排列法的两条定理。现在为做更进一步的研究，继续讨论一个有趣味的问题。

　　我们中国人家里逢到请客的时候，不是常见客人推让座位吗？中国人向来是十二分崇尚礼节的，一张八仙桌子，不知什么人把它规定了座位的大小，朝外的一面靠左的是首位，靠右的是二位，左面靠里的是三位，靠外的是四位……每逢请客，总是你推我让，谁都不肯坐上首位，好像不如此就不足以表示你是一个懂道理的人。其实这是最无谓的虚套，你若是能打破不守时的坏习惯，准时赶到，免得人家空着肚子等, 比这样的无谓客套要好得多了。闲话少说, 这八仙桌上坐的八个人, 推来推去, 横排竖排, 究竟排得出多少坐法呢? 我们就来研究一下, 这一定是很有趣味的。

这八人调坐的种数, 诸位不妨先做一个约略的估计, 我想你可能会认为不过几十种或几百种吧, 这大错特错。实际总计一下, 竟有四万零三百二十种之多, 倘若不信, 请看下文。

从最小的数开始研究, 一个人当然无从调位, 仅有一种坐法。假定有两个座位, a, b 两人调坐, 这很简单, 不是 a 坐首位, b 坐二位, 就是 b 坐首位, a 坐二位, 一共不过两种坐法。

有了三个座位, a, b, c 三人调坐, 坐法就多了。若 a 坐定了首位, 则 b, c 二人在二、三两个座位上调坐, 依上面的讨论, 知道有两种花色。同样, b 坐定了首位, a, c 二人调坐, 也有两种坐法; c 坐了首位仍是一样, 一共就有 $2 \times 3 = 6$ 种坐法。为了容易理解, 这里不怕麻烦, 再来列下一张表:

首位	a	a	b	b	c	c
二位	b	c	a	c	a	b
三位	c	b	c	a	b	a

一张四仙桌坐了 a, b, c, d 四个人会怎样呢? 这不是可以依样画葫芦吗? 若 a 坐定了首位, 剩下 b, c, d 三人调来调去, 有如前的6种坐法; b 坐定了首位, a, c, d 三人也调得出6种

坐法；c或d坐定了首位也是一样，可见一共有$6×4=24$种坐法，看下表就明白：

首位	a a a a a a	b b b b b b	c c c c c c	d d d d d d
二位	b b c c d d	a a c c d d	a a b b d d	a a b b c c
三位	c d b d b c	c d a d a c	b d a d a b	b c a c a b
四位	d c d b c b	d c d a c a	d b d a b a	c b c a b a

五个座位坐五个人时，我想诸位一定都会照样列下一张表，算得有$24×5=120$种坐法。

在这里，我们把上述的几个答案归纳一下，知道调座位的坐法种数，两个人是2种，三个人是6种，四个人是24种，五个人是120种。这许多答案都是若干连续整数的乘积，就是：

$$2=1×2$$

$$6=1×2×3$$

$$24=1×2×3×4$$

$$120=1×2×3×4×5$$

以小喻大，就可推得六个人调座位的坐法种数，一定是

$$1×2×3×4×5×6=720$$

七个人的种数是　$1×2×3×4×5×6×7=5040$

八个人的种数是　$1×2×3×4×5×6×7×8=40320$

与前面写的答案正好相同。

这样说来，八个客人果真你推我让，要让完这40320种

变化，从今天让到明天也不会成功。从另一方面来讲，假使你家共有八个人，一日三餐，每餐都变换坐法，要经过13440天才会把各种坐法坐完，一年以365日计，差不多要经过36年又10个月，这数字大得也很可观了。

前篇谈的号码锁问题，推得定理说："从若干件东西里取出若干件来，做各种不同顺序且不重复的排列，它的种数等于原有件数乘以小于它的许多连续整数，这连续整数的个数等于取出的件数。"这八仙桌调坐的问题，实际就是把八件东西完全取出来，做不同顺序而又不重复的排列问题。依此计算，得：

$$8 \times 7 \times 6 \times 5 \times 4 \times 3 \times 2 \times 1 = 40320$$

结果与前无异。

关于这一类的排列问题，可根据定理，很直接地把它计算出来，似乎是简单不过的，其实在实际中遇到的问题，往往包含着一些特别的条件，于是要把上述的解法加以活用，所得的种数较通常的减少了许多。下面就举几个特殊的例子。

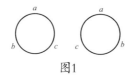

图1

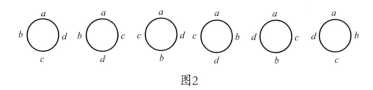

图2

若八个人坐的是圆桌，讲定没有什么首位，二位……这样不论位次，只论各人相互间的顺序，那么坐法的变化应该怎样呢？我们也来从最小的数算起，两个人调坐，原有2种坐法，若不分首位和二位，则不论依 a-b 或 b-a 的顺序，总是 a 和 b 相对，只能算一种坐法。这里的种数是原有种数的 $\dfrac{1}{2}$。三个人调坐时，原有6种坐法，若不论依 a-b-c 或 b-c-a 或 c-a-b 的顺序，总是 b 在 a 的右侧，c 在 a 的左侧，只能算作一种坐法。其余三种坐法也只算一种，共计2种坐法，如图1，坐法是原有坐法的 $\dfrac{1}{3}$。四人调坐原有24种坐法，用圆桌时的 a-b-c-d，b-c-d-a，c-d-a-b 和 d-a-b-c 四种，只能算一种，其余每四种做一种，共计六种坐法，如图2，这坐法是原有坐法的 $\dfrac{1}{4}$。以小喻大，在圆桌上五人调坐时，坐法的种数是原有坐法的 $\dfrac{1}{5}$，六人调坐是 $\dfrac{1}{6}$……八人调坐是 $\dfrac{1}{8}$，计有：

$$40320 \times \dfrac{1}{8} = 5040 \text{ 种}$$

若八人里面有一对恩爱的夫妇，他们绝对不肯拆开，定要挨坐在八仙桌的一面，这样的变化种数就只有5760。因为这一对夫妇并坐在朝外的一面，其余六人调坐的坐法有

1×2×3×4×5×6＝720种，夫妇二人对调了，又是720种；此夫妻二人并坐在其他的三面也是一样，所以一共应该有：

$$(1×2×3×4×5×6)×2×4＝5760种$$

反过来的话，若八个人里面有两个人是冤家对头，起过誓绝不坐在一面，这时候的坐法变化，很简单地知道是40320−5760＝34560种。因为在一共的种数40320里面，去掉了二人并坐在一面的5760种，剩下的当然是不在一面的种数了。

若八个人里面夹着一个趣人，他是左手拿筷子的，他同别人坐在一面时，若是坐在别人的右侧，那就不免要和别人的筷子冲突起来，这样一来，他就只能坐在每一面的左侧。这坐在每面的左侧和右侧的坐法，当然是平均的，所以这样的坐法一定有：

$$40320÷2＝20160种$$

上述的那些特殊情形，实际是很多的。譬如，某一个人患了眼疾，怕见亮光，必须要朝里坐；八个人里面有了两对夫妇，都要挨在一面坐……我想读者朋友的数学都有相当根底的，不难逐一把它们算出来，这里不需要我再来饶舌了。

益智谜

（39）十指箕斗　我们每个人手指上的指纹各不同。假定每人都弄一张指纹表，把十个指头上的指纹符号或箕斗依次填入，如果填的只是箕和斗，因为个数和排列顺序各人不同，填成的表也跟着不同。那么这变化的种数共有多少呢？全中国五亿多（旧时）的人民，平均有多少人指上的箕斗完全相同呢？

（40）教祖先知　相传婆罗门教祖在临终时对他的门徒说："此地有三塔，中塔上有金刚石环六十四枚，在下的最大，自下而上次第减小，左右二塔无环。若把中塔的环全都移置左塔，而大小的顺序不变，此工既竣，世界已大为改观了。但移动时大环不能加在小环的上面，又各环只能从此塔移至彼塔，不能搁置一旁。"问需多少次移毕？

（41）邻翁分马　李某有马十七匹，分给三子，他只说："长子得二分之一，次子得三分之一，幼子得九分之一。"三子无法可分，请教邻家的老翁，老翁就把自己家里的一匹马牵来，合成十八匹，给长子二分之一计九匹，给次子三分之一计六匹，给幼子九分之一计二匹，共给十七匹，牵来的马仍旧牵回，人家都很佩服他。后来王某也有马一百四十三匹，分给三子，只说长子得二分之一，次子得三分之一，幼子得四分之一，子不能分，仍去找邻翁，但翁不在家，要请读者代分。

检讨机会的多寡

——掷状元红

一件事情能否做得成功，事先不一定是有把握的。我们最好先要分析一下，成功的机会多呢，还是失败的机会多呢？假定这件事是非做好不可的，那么无论成功的机会多少，总是要做，若预先知道了成功的机会很小，可以加倍努力地去做，自然易于成功。假定这件事是可做可不做的，那么成功的机会小的话，则可以不必去做，以免物质和精神方面的浪费。这机会的多寡要怎样去判定呢？

就以一种民间的游戏来加以讨论。读者朋友们在新年里都喜欢做"掷状元红"的游戏吗？这虽然带着一些封建思想，但是把它的名称和比赛的方式改换一下，业余消遣，也未尝不是一种益智游戏。玩这种游戏时，一把握着六颗骰子向碗里一掷，看它们团团乱滚，滚到精疲力尽，便懒洋洋地躺了下来。依照老法，假使现出的有一颗红色的四，就到手一根叫作"秀才"的筹,有两颗红,就到手一根叫作"举人"的筹,四颗相同的"四齐",就到手一根"进士",三颗红,就到手一根"翰林","不同""合巧"等花色,就到手一根"半榜",四颗红,就到手一根"状元",碰巧现出五颗六和一颗五,就到手一根"恨点不到头",同五颗相同的"五子"一样,都可到手一根"状元"筹。这"恨点不到头"缺的一点若到了头,六颗骰子完全是六,就算"金色",和六颗全是幺、全是二……一样,都不止到手一根状元筹,还可以"抄家",把别人所得的全部抄了去。假使别人跟着掷出五颗红和一颗五"火烧梅花",或是五颗红和一颗另外的点子,都有权把你已经到手的"状元"夺去,使你空欢喜一场。

玩这种游戏的人,谁都希望得到金色,或是那些特别花色,可是它们却老是躲藏着,不大肯和你见面,你知道它的原因吗? 原因是这几种花色出现的机会委实太少了。

要知道六颗骰子滚出金色或那些特别花色的机会的多少,应该先研究这六颗骰子滚出来的花色一共有多少种。

你们知道排列法的问题吗? 譬如你们组织一个篮球队,在五个人里面选出两个人,一个当队长,一个当副队长,这就是在五件东西里取出两件来,做不同顺序且不重复的排列,方法共有5×4=20种。若是两个队长不分正副,那就只有20÷2＝10种了，因为a-b和b-a，a-c和c-a，a-d和d-a……都只能算作一种。这样只需在若干件东西里取出若干件，不问次序如何，单讲能有几种取法的，叫作"组合法"问题。那么从五件东西里取出三件的组合有几种呢？根据排列法计算，要有5×4×3＝60种，但现在是组合，与次序无关的，a-b-c，a-c-b，b-a-c，b-c-a，c-a-b，c-b-a的六种只好算作一种，所以在组合方面就只有60÷6＝10种。

在这里有一个附带的小问题，却也相当有趣。为什么五件里取出两件和五件里取出三件的组合都是10种呢？我不妨假定有红、黄、蓝、白、黑五种颜色的五颗弹子放在口袋里，你从口袋里摸出两件，那里面就剩下三件，你的摸法有10种不同的变化，那口袋里的剩法当然也跟着有10种不同的变化。摸和剩本来是就你自己的地位说的，若就弹子说，不过是分成两组，一组在口袋外，一组在口袋内罢了。你假使每次把原先剩的三件摸出，把原先摸的两件剩下，不仍旧还是10种变化吗？

从前面的研究，可以得到一个关系：

$$五中取三 \text{ 的组合} = \frac{五中取三 \text{ 的排列}}{三中取三 \text{ 的排列}} \quad （都是不重复的）$$

推广起来：可得从 p 件东西里取出 n 件来的组合的公式：

$$p \text{ 中取 } n \text{ 的组合} = \frac{p \text{ 中取 } n \text{ 的排列}}{n \text{ 中取 } n \text{ 的排列}}$$

我们利用上述的公式, 顺次可以推得各种取法的组合如下:

四中取一时 $= \dfrac{4}{1} = 4$

四中取二时 $= \dfrac{4 \times 3}{2 \times 1} = 6$

四中取三时 $= \dfrac{4 \times 3 \times 2}{3 \times 2 \times 1} = 4$

四中取四时 $= \dfrac{4 \times 3 \times 2 \times 1}{4 \times 3 \times 2 \times 1} = 1$

．．．．．．．．．．．．．．．．．．．．．．．．．．．．．．．

五中取一时 $= \dfrac{5}{1} = 5$

五中取二时 $= \dfrac{5 \times 4}{2 \times 1} = 10$

五中取三时 $= \dfrac{5 \times 4 \times 3}{3 \times 2 \times 1} = 10$

五中取四时 $= \dfrac{5 \times 4 \times 3 \times 2}{4 \times 3 \times 2 \times 1} = 5$

五中取五时 $= \dfrac{5 \times 4 \times 3 \times 2 \times 1}{5 \times 4 \times 3 \times 2 \times 1} = 1$

．．．．．．．．．．．．．．．．．．．．．．．．．．．．．．．

六中取一时 $= \dfrac{6}{1} = 6$

六中取二时 $= \dfrac{6 \times 5}{2 \times 1} = 15$

六中取三时 $= \dfrac{6 \times 5 \times 4}{3 \times 2 \times 1} = 20$

．．．．．．．．．．．．．．．．．．．．．．．．．．．．．．

（都是不重复的）

至此，我们可以讲六颗骰子滚出来的点数的种数了。为便于理解，分为十三项来讨论。

（一）六颗的点数全同的（叫作金色或满盆），即六颗全是幺、全是二……当然只有6种。

（二）五颗的点数相同，另一颗相异的（五子或五红）。譬如，五颗同是幺，那么另一颗除掉幺外五种点数；五颗同是二，也有五种：五颗同是三……都一样，所以共有：

五中取一不重复的组合×6＝5×6＝30种。

（三）四颗点数相同，另两颗相异的（有"合巧""四齐"和"四红"三种）。譬如，四颗同是幺，其余两颗从除幺外的点数中选两种进行组合，计有十种；四颗同是二……都一样，所以共有：

五中取二不重复的组合×6＝10×6＝60种。

（四）四颗点数相同，另两颗也相同的（同前）。譬如，四颗同是幺，另两颗同是二……有五种；四颗同是二……都一样，所以共有：

五中取一不重复的组合×6＝5×6＝30种。

（五）三颗点数相同、另三颗相异的（除三红、一红外其他在"掷状元红"里没有名称）。譬如，三颗同是幺，另三颗除掉幺有十种组合；三颗同是二……都是一样，所以共有：

五中取三不重复的组合×6＝10×6＝60种。

（六）三颗相同，另两颗相同，又一颗相异的（除掉三红、二红、一红外无名）。譬如，三颗同是幺，另两颗同是二，剩下一颗有除幺、二的四种点数；另两颗同是三……也有四种点数，共得二十种；三颗同是二……都是一样，所以共有：

四中取一的组合×五中取一的组合×6＝4×5×6＝120种。

（七）三颗相同，另三颗又相同的（分相），这好比是六件中取不重复的两件的组合，但这两件是每件用同样三个的，所以共有：

六中取二不重复的组合＝15种。

（八）两颗相同，另四颗相异的（除二红、一红外无名）。譬如，两颗同是幺，另四颗除幺外有五种组合；两颗同是二……都是一样，所以共有：

五中取四不重复的组合×6＝5×6＝30种。

（九）两颗相同，另三颗相同，又一颗相异的（同六），应该归纳在（六）的里面。

（十）两颗相同，另两颗相同，又两颗相异的（除二红和一红外无名），两颗相同，另两颗又同，好比六件中取两件的组合，但所取的每件用同样两个，又两颗相异，需除掉已有的两种点数，把其余四种来组合，所以共有：

六中取二的组合×四中取二的组合＝15×6＝90种。

（十一）两颗相同，另两颗相同，又两颗相同的（除双幺二三、双四五六、二三靠大六、二红外无名），这好比六件中取三件的组合，但所取的每件用同样两个，所以共有：

六中取三不重复的组合＝20种。

（十二）两颗相同，另四颗相同的（同四），应该归纳到（四）的里面。

（十三）六颗完全相异的（不同），当然只有一种。

你们大概已经看到头昏脑胀了，但是恭喜恭喜！现在只要把这一大篇的内容总结一下，就得到这六颗骰子滚出来的点数，一共要有：

6+30+60+30+60+120+15+30+90+20+1＝462种。

要在462种不同的点数里面滚出一个你所希望的，那机会不是只有 $\frac{1}{462}$，显得很少吗？

上面的结论，初看似乎有理，其实却是完全不对的。因为我们假使在每颗骰子上做一个记号，分别指定第一颗、第二颗……那么同是滚出了一个"不同"，其中的幺，也许是第一颗滚出来的，也许是第二、第三……颗滚出来的；还有其中的二……也不一定是哪一颗滚出来的，所以不应该单就出现的点数讲，需兼就各颗骰子滚出来的点数讲，这时候它的种数就要大大地增加了。

这怎么算呢？我们不妨先假定这不是骰子而是铜元，它没有六个面而只有两个面，一面是字，一面是背，一共不用六个而只用两个，把它抛出后，最后朝上的不外乎两个同字、两个同背和一字一背的三种组合；但若兼顾到哪个是字，哪个是背，就有了下例的四（$2^2=2\times2$）种变化了。

甲铜元：字字背背

乙铜元：字背字背

若是取三个陀螺，普通的陀螺是把一根轴穿在圆柱或圆板的中心而成的，现在把圆柱或圆板换成一块正三角形的板，它的三边上分别涂红、黄、蓝三种不同的颜色，同时把它们放在桌子上旋转，当它们倒下来的时候，每个陀螺的三角板有一边靠着桌面，这三个靠着桌面的边的颜色，应有二十七（$3^3=3\times3\times3$）种变化，如下表：

甲陀螺	红红红	红红红	红红红	黄黄黄
乙陀螺	红红红	黄黄黄	蓝蓝蓝	红红红
丙陀螺	红黄蓝	红黄蓝	红黄蓝	红黄蓝

甲陀螺	黄黄黄	黄黄黄	蓝蓝蓝	蓝蓝蓝	蓝蓝蓝
乙陀螺	黄黄黄	蓝蓝蓝	红红红	黄黄黄	蓝蓝蓝
丙陀螺	红黄蓝	红黄蓝	红黄蓝	红黄蓝	红黄蓝

这不是和两件东西或三件东西全取出来做不同顺序而

可以重复的排列完全一样吗?

于是知道六颗骰子各有六个面,各刻着六种不同的点数,滚出来的变化同六件东西全取出来做不同顺序而可以重复的排列一样,应有 $6^6=6×6×6×6×6×6=46656$ 种。

你假使要想掷出一个全六,这全六不过是46656种变化中的一种,假定这46656种变化出现的机会是均等的,那么必须在46656次的连掷里才出现一次全六,它的机会是 $\frac{1}{46656}$。虽然在事实上这46656种变化出现的机会绝不会均等,也许掷不满46656次就出现全六,也许掷满46656次还没有出现全六。总之,要出现这种点数,机会一定非常的少,我想诸位也不会再怀疑了。

在前述的462种不同的点数里面,有一种是六颗完全不同的,它的机会是不是也等于 $\frac{1}{46656}$ 呢?仔细一想,却完全不对,因为只论点数,这是462种里的一种;若兼论哪一颗骰子出现一、哪一颗出现二……这时在46656种变化里面,它就占着 $6×5×4×3×2×1=720$ 种,所以它的机会应是 $\frac{720}{46656}=\frac{5}{324}$,是全六的720倍,难怪在掷状元红时,这个名叫"不同"的点数是常会出现的。

从上文来看,除掉出现金色的机会最少外,其他点数出现的机会,比较起来要增加数倍,或数十、百倍,关于这一点,请读者自己去研究吧。

明察秋毫

——失方得方

当我们从事科学观察和实验时千万不可忽略细微的地方, 否则就可能会遭遇失败, 一切现象的精微奥妙之处, 往往是用我们的肉眼看不见的; 不但如此, 有时就是用了精密的器械, 还是测不出来。譬如, 用尺可以量得出几寸几分的长, 却量不出几厘几毫; 天平可以称得出几厘几毫的重, 却称不出几丝几忽。古语说: "失之毫厘, 谬以千里。" 就是说忽略了极微细的一点, 会发生很大的错误。所以我们在观察和实验的时候, 就特别需要保持理智, 明察秋毫, 才能成功。

怎样用理智来发现细微之处, 用一个实例来说明。现在先讲一个杜撰的故事:

某人在漆铺买到一张金箔, 是正方形的, 每边长十三寸, 面积是一百六十九方寸。拿到家里, 用剪刀剪了三刀, 分成四块, 再拼成一个长二十一寸、宽八寸的长方形, 算得总面积是一百六十八方寸, 无端地失去了一方寸。这个人心里很恼火, 认为受了欺骗, 立刻到店里去交涉。店里的人看了, 觉得莫名其妙, 只好另换一张同样的金箔给他。这个人拿回去再用剪刀剪了三刀, 分成四块, 拼作两个长方形。大的一个长十四寸、宽十二寸, 面积是一百六十八方寸; 小的一个长二寸、宽一寸, 面积是二方寸, 并得一百七十方寸, 平白地竟多出一方寸来。这个人认为是占了便宜, 心里非常高兴。

这个故事不是很奇怪吗? 究竟是怎样的剪法, 怎样的拼法呢? 现在画两个图, 分别说明。

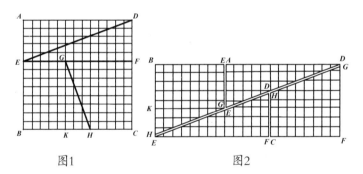

图1　　　　　　图2

第一次是把图1的正方形ABCD照EF, ED, GH三直线剪了三刀, 拼成图2的形状, 粗看的确很奇怪, 原来的面积是13×13＝169方寸, 忽然变成了21×8＝168方寸, 怎会缺少了一方寸呢? 其实仔细一研究, 发现并没有缺少, 现在用几何的方法把它找出来。

如图1,设在BC边上距B五寸的一点是K,在△DAE和△GKH中,因

∠DAE=∠GKH(直角)

AD:AE=13:5=39:15

GK:KH=8:3=40:15

∴ AD:AE≠GK≠KH

于是△DAE和△GKH不相似(两三角形的一角互等,夹这角的边成比例,则相似,一角虽等,而夹边不成比例,则不相似)。

∠ADD<∠KHG,(因 $AD=\dfrac{39}{15}AE$, $GK=\dfrac{40}{15}KH$,故AD的对角必小于GK的对角)。

又因∠KHG+∠EGH=180°,(并行线间的同旁内角相补)

故∠AED+∠EGH<180°。(代入)

于是在图2中的HG和ED不能成一直线,在这拼成的长方形中,虽是两对角的H和E相合,D和G相合,但中间的线不能相合,有一部分的面重叠起来,略如图3的形状。

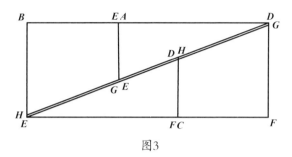

图3

现讨论到它的面积，$EBHG$和$GHCF$都是梯形，面积各等于 $\dfrac{8(5+8)}{2}=52$ 方寸；$\triangle AED$ 和 $\triangle DEF$ 的面积各等于 $\dfrac{13\times5}{2}=32.5$ 方寸，全面积是

$$52\times2\text{方寸}+32.5\times2\text{方寸}=169\text{方寸}$$

丝毫也没有缺少。若照 $21\times8=168$ 方寸计算，好像少了一方寸，其实这一方寸隐藏在重叠的地方，不过用肉眼不容易发现罢了。可见那个买金箔的人不但自寻烦恼，还冤枉了好人。

第二次是把图4的正方形 $ABCD$ 照 ED，FG，HK 三直线剪了三刀，拼成图5的形状。原来的面积是 $13\times13=169$ 方寸，后来好像已变成了 12×14 方寸 $+1\times2$ 方寸 $=170$ 方寸，怎会多出一方寸来呢？仔细一研究，知道同第一种的情形完全不同，原来 HK 和 FG 的长粗看是1寸和2寸，其实略少了些，肉眼也是不容易看出来的。现在应用相似三角形把它计算出来。

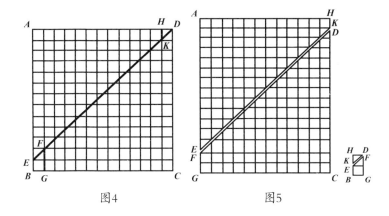

图4   图5

因 $\angle DAE = \angle DHK$ $\angle AED = \angle HKD$

故 $\triangle AED \backsim \triangle HKD$

$AD : HD = AE : HK$

以已知数代入, 得 $13 : 1 = 12 : HK$

故 $HK = \dfrac{1 \times 12}{13}$ 寸 $= \dfrac{12}{13}$ 寸

$HK + DC = \dfrac{12}{13}$ 寸 $+ 13$ 寸 $= 13\dfrac{12}{13}$ 寸

于是得四边形 $AEKH + FGCD = 13\dfrac{12}{13}$ 寸 $\times 12$ 寸 $= 167\dfrac{1}{13}$ 方寸, 又因 $HK + EB = \dfrac{12}{13}$ 寸 $+ 1$ 寸 $= 1\dfrac{12}{13}$ 寸

故 $\triangle HKD + $ 四边形 $EBGF = 1\dfrac{12}{13}$ 寸 $\times 1$ 寸 $= 1\dfrac{12}{13}$ 方寸

并得全面积 $= 167\dfrac{1}{13}$ 方寸 $+ 1\dfrac{12}{13}$ 方寸 $= 179$ 方寸

丝毫也没有增多, 可见那个买金箔的人只落得一场空欢喜。

融会贯通

——万能直线

天下的事理，有许多是息息相关的，学者如能把它们融会贯通，不但在研究方面可以得到不少便利，有时还会借此发现新的学理和新的方法。

就数学方面来举例，几何的直线、代数的方程和算术的比例，初看是各自为政、绝不相关的，但是一经细察，就可以发现它们之间息息相关。算术中的统计图表通常画出来的都是折线，但在成正比例的两种数量中，就成为直线了。代数中的一次整式是可以用直线表示的，于是一次方程式就可以利用直线的图形来解答了。

从上面的话来看，解算术的正比例问题，可以仿照代数和用图解；算术中的其他问题，凡是能化作与比例问题具有同样性质的，也都可以利用图解。于是我们可以创造一种新颖的"图解算术"，用来解决大多数的算术四则应用问题。

其法浅易而便于入手, 这里就来介绍几个吧。

要弄懂这种特殊的图解算术, 必须先从最简易的两类问题——比例和盈亏开始, 由此再推到其他的各种问题。

〔比例题〕工人织锦, 四日织六丈, 问十日织几丈?

我们在方格纸上自左向右每移一格代表经过一日, 自下而上每移一格代表织锦一丈, 由 "四日织六丈" 取得A点。因日数加倍, 所织的丈数也加倍, 故由 "八日织十二丈" 又得B点。过A, B两点画一直线, 这线上有一点C恰和下方的日数10相对, 看这C点左方所对的丈数15, 于是知道经过十日可织锦15丈。

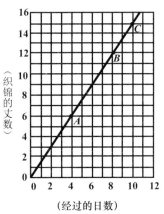

（经过的日数）

这个解法的原理很简单。由题知二日织三丈, 四日织六丈, 六日织九丈……日数二、四、六……以二递增, 丈数三、六、九、……以三递增。凡是这样各以同数递增的两种数量, 用上法在图中取得的各点, 一定都在一直线上。

〔盈亏题〕儿童分糖，每人分三粒，多八粒；每人分六粒，少四粒，问每人分几粒恰尽？

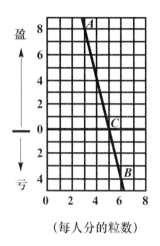

（每人分的粒数）

在方格纸上把一条横线描粗，由此向上每一格代表多一，向下每一格代表少一，又自左向右每一格代表每人分糖一粒。于是由"每人分三粒多八粒"取得A点，由"每人分六粒少四粒"取得B点，连成一直线，与粗线交于C。这C点下方的数是5，因为C点在粗线上，这粗线表示不盈不亏，所以知道每人分5粒恰尽。

若上题又问有儿童几人，可以随意假定有儿童二人，由"每人三粒多八粒"知，应有糖3×2+8＝14粒，由"每人六粒少四粒"知，应有糖6×2−4＝8粒，前后不能相等，计后者亏14−8＝6粒，同法假定有儿童五人，由前应有糖3×5+8＝

23粒,由后应有糖6×5−4＝26粒,后者盈26−23＝3粒。于是由"儿童二人亏六粒"取得A点,"儿童五人盈三粒"取得B点,连一直线,得交点C,知儿童有四人。

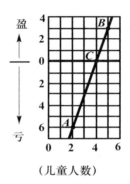

（儿童人数）

在上述的问题里,从答案儿童四人、糖二十粒（3×4+8＝20）知道:

每人的粒数	1	2	3	4	5	6	7	……
盈亏数	盈 16	盈 12	盈 8	盈 4	恰尽	亏 4	亏 8	……

其中每人的粒数以1递增,盈亏数以4递减,这样的两种数量,在图中取得的各点,也都在同一直线上。

若顺次假定儿童的人数是一、二、三……依法推得前后的糖果数各不相等,后者顺次亏九、亏六、亏三……各以同数递增,所以也可利用直线来求到答案。

〔和差题〕大小两数的和是23,差是5。求这两数。

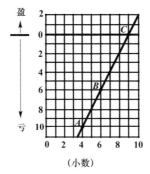

（小数）

随意假定小数是4，因大小两数的差是5，故大数应是4+5＝9，和数是4+9＝13，此题中的和23亏23-13＝10。再假定小数是6，则大数是11，和是17，又比题中的和亏6。于是由"小数4亏10"取得A点，"小数6亏6"取得B点，连一直线，由交点C知小数是9，于是大数易知是9+5＝14。

上例中两次假定小数后，算得的和比题中给定的和都是亏的，这样也可以仿前法求得答案。

〔鸡兔题〕鸡兔合计十只，共有脚二十四只。问鸡兔各几只？

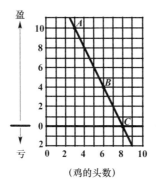

（鸡的头数）

假定鸡3只,那么兔是10-3=7只,共有脚2×3+4×7=34只,此题中的数盈34-24=10。再假定鸡6只,则兔是4只,共有脚28只,又盈4。于是由"鸡3头盈10"得A点,"鸡6头盈4"得B点,连一直线,由交点C知鸡有8只,于是兔易知是10-8=2只。

〔年龄题〕父年25岁,子年5岁。问几年后父年恰是子年的3倍?

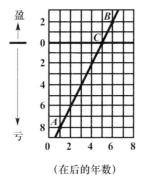

(在后的年数)

假定要在1年后,那时子年5+1=6岁,父年是6×3=18岁,于是今年父年18-1=17岁,此题中的数亏25-17=8岁。再假定要在6年后,那时子年11岁,父年33岁,于是今年父年27岁,此题中盈2岁。由"1年后亏8"得A点,"6年后盈2"得B点,连一直线,由交点C知道要在5年后。

〔分数题〕某人抄书,第一次抄去总页数的$\frac{1}{3}$,第二次抄去余下页数的$\frac{1}{2}$,还剩7页。问这本书原有几页?

假定原有3页（注意所假定的数要能被分母约尽而得整数），那么第一次抄 $3 \times \frac{1}{3} = 1$ 页，剩 $3-1=2$ 页，第二次又抄 $2 \times \frac{1}{2} = 1$ 页，剩 $2-1=1$ 页，较题中的数亏 $7-1=6$ 页。再假定原有9页，那么第一次抄3页，剩6页，第二次又抄3页，剩3页，仍亏4页。由"3页亏6页"得 A 点，"9页亏4页"得 B 点，连一直线得交点 C，知道这本书共有21页。

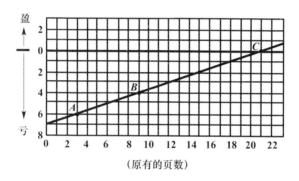

（原有的页数）

总结上述各例，知道这种图解算术的法则是用任意的数假定为所求数，依题推算，看它比题中的某一已知数盈几或亏几，这样经过两次，就可以在图中描得两点，连一道线而得所求数。有了这种方法，大多数的算术四则应用题都可依法求解。这一条直线真可以说是万能的直线了。

益智谜

（42）孩子赌钱 某孩子，有一天入市卖米，带了钱回家，途中遇一位朋友，孩子说："我有铜元一枚，一面为字，一面为背。我掷钱空中，落地后若表面为字，则我胜，表面为背则我负。一胜一负的赌注，都拿当时我袋里的钱的一半做标准。"结果二人赌得的胜负次数相等，孩子损益如何？

（43）神童分酒 甲入市购物，乙托他代买半斤酒，给他一只容量一斤的瓶。后来甲自己也买半斤，就买满了一瓶，拿回来均分。但是甲家只有容量九两的壶，乙家则另有容量七两的筒，二人正无计可施，来了一个邻家的儿童，把瓶中的酒在三器中倒来倒去，倒了十多次，甲壶、乙瓶恰巧都装着半斤酒，问此童分酒的方法怎样？

去芜存菁

——顽童撤书

　　人们在日常生活中往往碰到这样一种情形，就是要从众多的事物中选取自己所需要的一件或数件事物，这时候你面对着那众多的事物，会有一种好像在大海里捞针的感觉，简直无从下手。你要是不得其诀、胡寻乱找的话，恐怕费尽心机，结果还是一无所获。要从众多的事物中取得少数需要的对象，最好的方法是先把不需要的逐一去掉，到了不需要的都被清除了的时候，那留下的当然就是需要的对象了。

　　上述的方法叫作"去芜存菁"，在生活中我们经常用到。譬如，农人的选种、扬糠和工人的拣料等；尤其是"淘砂取金"，是一个最好的例子。我们要在一大堆的泥沙中选取极少量的金粒，真是异常困难。但是我们可以用水淘洗，先使轻质的泥土随水漂去，接着筛除粗大的砂粒，然后重新淘洗，使质重的金粒沉在盆底的凹注，砂粒全部淘去，就得到所需的黄金。这样有条不紊地依次去芜存菁，也是一种科学的方法。

在数学中有一个极简单的例子：普通算术教科书中讨论整数的性质时，都附有一张"质数表"，载着一百（或一千）以内的许多质数。有些书中甚至说明这许多质数是用"淘汰法"求得的，这淘汰的方法就是去芜存菁。我们先顺次写下从1起的一百个（或一千个）连续整数，好像做体操时列队成单行一样。于是留下1与2，从3起每两个一数，像站队时的一至二报数一样，每逢第二数就去掉。因为除2外其他凡是2的倍数都不是质数，所以都淘汰了。接着又留下3，从去掉的4所留的空位起，每三个一数（连空位也数在里面），把第三数都去掉；于是除3外的3的倍数都淘汰了。再留下5，从后一位起每五个一数；留下7，从后一位起每七个一数……每次都把末尾的数都去掉。最后存留下1、2、3、5、7、11、13、17……它们（除1外）的倍数都已淘汰，这就是我们所需要的质数了。

从上述的例子来看，去芜存菁要按照适当的次序，一丝不苟，逐步去做，若偶一疏忽，把应该存留的去掉，成了"沧海遗珠"；或应该淘汰的留着，就变成"鱼目混珠"，这样都不能达到我们理想中的目的。这里为了要更具体地说明，我们再来举一个有趣味的问题。

　　李君购得"科学大全"一部，总计九册，特制小橱一具，分上下二格把它安放。这部书每册旁侧各依卷次印一数码，共有自1至9的九个数字。李君的两个儿子都很顽皮，把书搬上搬下，移左移右，最后搬成上图的形式。上格四册，数码依次排成一个四位数9327；下格五册，数码又排成一个五位数18654，下格的数恰是上格的2倍。若以上格数为分子，下格数为分母，则所成分数的值恰为 $\frac{1}{2}$。父亲回来，问他们在忙些什么，两人依实报告，就要求父亲重新排列，使所成分数的值仍是 $\frac{1}{2}$。还要另排得值 $\frac{1}{3}$、$\frac{1}{4}$、$\frac{1}{5}$……$\frac{1}{9}$。父亲搬移多时，不能成功。于是悬赏征求数学家设法代他解决，并规定需将所有答案全部求出，不得遗漏。

　　这个问题的要点：（1）这分数的分子是四位，分母是五位；（2）这分数的值等于 $\frac{1}{2}$、$\frac{1}{3}$、$\frac{1}{4}$……$\frac{1}{9}$；（3）分子、分母中共计九位数字不能重复，且没有0。要满足这三个条件, 在普通算术或代数上是没有方法可解的。于是, 我们不得不另设法求其答案。

我们先就分数的值等于 $\frac{1}{2}$ 来研究。最容易想到的求法, 是把所有的四位数全都举出来, 假定作分子, 算出它们的2倍数作分母, 凡有重复数字或0的都去掉, 那留下的就是所求的答案。但是四位的整数共计有9999-999=9000个, 我们要想把这9000个数逐一试验, 找到几个需要的数, 那所费的时间和脑力, 不是太不经济了吗? 于是不得不采用去芜存菁的方法了。

第一步思考: 这9000个四位数中, 有许多是有重复数字的, 有许多是有0的, 我们应该先把它们去掉。那么没有重复数字又没有0的四位数有多少呢? 从九个数字中取出四个来做不同顺序而又不重复的排列, 应有9×8×7×6=3024种变化。但是在这3024个四位数中去选取合于条件的数, 还不是一件容易的事。

第二步思考: 分母的数应是五位数, 若分子的四位数的千位是1、2、3、4, 那么它们的2倍数仍是四位, 不合条件; 即使分子的千位是5, 分母已成五位数, 但首二位是10或11, 仍不合条件, 所以知道分子的千位至少是6。分子的四位数共3024种变化中, 千位是1、2、3……9的各有

$3024 \times \dfrac{1}{9} = 336$ 个, 千位是6、7、8、9四种数字的, 共有336×4 =1344个。在这1344个四位数中选取合于条件的, 虽已比较容易, 但还要设法继续淘汰。

第三步思考: 不论分子的千位是6、7、8、9中的哪一个, 它们的2倍数的首位总是1, 即分母的万位是1, 于是知道分子的各位都不能是1。若分子的千位是6, 那么以下三位可以在除1与6以外的七个数字中取出三个来作做同顺序而又不重复的排列, 应有$7 \times 6 \times 5 = 210$种变化, 分子的千位是7、8或9的都一样, 所以共计有$210 \times 4 = 840$个, 我们把这840个四位数分别做一个试验, 所费的时间还是很多, 那么能否继续淘汰呢?

第四步思考: 分子的千位不能是5, 在第二步已经研究过, 其实由于同样的理由, 以下各位也不能有5。可见分子的千位是6时, 以下三位只能在除1、5、6以外的六个数字中取出三个来做不同顺序而又不重复的排列, 仅有$6 \times 5 \times 4 = 120$种变化, 分子的千位是7、8或9时仍是一样, 共计有120×4 =480个。把这样的480个四位数做分子, 分别2倍处理, 把所得的五位数做分母, 共计九个数字, 能不重复而又没有0的, 就是所需的答案, 顺次可得

$$\dfrac{6729}{13458}, \quad \dfrac{6792}{13584}, \quad \dfrac{6927}{13854}, \quad \dfrac{7269}{14538}, \quad \dfrac{7293}{14586}, \quad \dfrac{7329}{14658},$$

$$\frac{7692}{15384}, \quad \frac{7923}{15 \times 46}, \quad \frac{7932}{15864}, \quad \frac{9267}{18584}, \quad \frac{9273}{18546}, \quad \frac{9327}{18654},$$

共十二种。最后那个就是题中所举的一种。

上述的方法是把数千个数淘汰而成480个数，再从480个数中选得所需的12个数，这似乎是最便捷的了。其实，另外还有一个简便的方法，所费的时间可以更少，叙述如下。

根据前述内容，知道分子的各位不能有1或5。先就分子的个位想，可能是2、3、4、6、7、8、9的七个数字之一。

假定分子的个位是2，那么分母的个位应是4，分子的十位可能是(a)3、(b)8、(c)9的三种数字之一，因为2与4已经有过，6与7的2倍数的末位是2与4。

(a)假定分子的十位是3，那么分母的十位应是6，九个数字中除去已有的2、4、3、6与不可能的1、5外，其他尚有7、8、9三个，可见分子的百位仅有9是可能的，因为7与8的2倍数末位是4与6，与已有的重复。

(b)假定分子的十位是8，那么分母的十位应是6，仿上法可推得分子的百位可能是3、7两个数字之一。

(c)假定分子的十位是9，那么分母的十位应是8，分子的百位可能是3、6、7三个数字之一。

续推分子的千位数字，由(a)可得7，于是分子是7932，分母是15864，是一种所需的答案。由(b)知道分子的百位不论是3或7，都不能求得适合的千位。由（c）知分子的百位是3时，求不到适合的千位，但分子的百位是6时可得千位7，是7时可得千位6。于是，又得分子是7692与6792的两种答案。

　　为了使读者更加容易理解，当上述分子的个位是2时，把它前面各位可能的数字依次列成下表：

个位数字	2					
十位数字	3	8		9		
百位数字	9	3	7	3	6	7
千位数字	7	×	×	×	7	6

　　表中的×表示没有适合的数字，就是没有答案。故由右上表得到答案三种。

　　仿上法，顺次求分子的个位是3、4、6、7、8、9时，它们前面各位可能的数字可列表如下：

个位	3				4		6				7			8				9			
十位	2	4	7	9	3	6	3	4	7	8	2		6	2	3	4	7	2	3	6	7
百位	9	×	2	2　7	×	3　7	4　9	×	4	4	3　8　9	2	7	2	×	4	3　7	2　6	2	7	6
千位	7	×	9	7　×	×	×　×	×　×	×	×	×	×　9　×	6	9	×	×	×	×　×	7　6	×	7	×

从上表又得答案九种, 加上前面的共十二种, 与前述的完全一样。

综上所述, 我们可从分子的个位数字起, 依次用"去芜存菁法"推得前面的各位数字而得所需的答案。于是, 分数的值等于 $\frac{1}{3}$ 、 $\frac{1}{4}$ …… $\frac{1}{9}$ 的都可依样求得答案了。

分数的值等于 $\frac{1}{3}$ 的, 其分子的个位不能有5, 千位不能有1、2与3。仿前法求之, 所得的答案仅有下列的两种:

$$\frac{5823}{17469} \qquad \frac{5832}{17496}$$

等于 $\frac{1}{4}$ 的分数, 其分子的个位也不能有5, 千位不能有1与2。计有下列四种答案:

$$\frac{3942}{15768}, \quad \frac{4392}{17568}, \quad \frac{5796}{23184}, \quad \frac{7956}{31824}$$

欲求等于 $\frac{1}{5}$ 的分数最为便捷。因为分母的个位设定是5, 又分子的各位5倍后不能没有进位, 所以分子的个位数字只有3、7、9三种是可能的, 且分子的各位都不能有1或5。可从 $3\times6\times5\times4=360$ 种不同的四位数中选得答案, 或假定个位数字后依次向前推得其他各位数字, 共得答案十二种:

$$\frac{2697}{13485}, \quad \frac{2769}{13845}, \quad \frac{2937}{14685}, \quad \frac{2967}{14835}, \quad \frac{2973}{14865}, \quad \frac{3297}{16485},$$

$$\frac{3729}{18645}, \quad \frac{6297}{31485}, \quad \frac{7629}{38145}, \quad \frac{9237}{46185}, \quad \frac{9627}{48135}, \quad \frac{9723}{48615}。$$

等于 $\frac{1}{6}$ 的分数也是易于求得的。因为2、4、6、8的四种数字6倍后的末位仍与原数字同，又5的6倍数末位是0，所以分子的个位数字只有1、3、7、9四种是可能的，且分子的千位不能是1，否则分母要成四位数，或虽为五位而首位也是1（以下如 $\frac{1}{7}$ 等都一样）。于是可得答案三种：

$$\frac{2943}{17658}, \quad \frac{4653}{27918}, \quad \frac{5697}{34182}。$$

分数的值是 $\frac{1}{7}$ 的有下列七种，分子的个位分别假定为除5外的其他八种数字，即可求得适合的前面各位数字：

$$\frac{2394}{16758}, \quad \frac{2637}{18459}, \quad \frac{4527}{31689}, \quad \frac{5274}{36918}, \quad \frac{5418}{37926}, \quad \frac{5976}{41832},$$

$$\frac{7614}{53298},$$

等于 $\frac{1}{8}$ 的分数是最多的，仿上法可求到下列的四十六种：

$$\frac{3187}{25496}, \quad \frac{4589}{36712}, \quad \frac{4591}{36728}, \quad \frac{4689}{37512}, \quad \frac{4691}{37528}, \quad \frac{4769}{38152},$$

$$\frac{5237}{41896}, \quad \frac{5371}{42968},$$

$$\frac{5789}{46312}, \quad \frac{5791}{46328}, \quad \frac{5839}{46712}, \quad \frac{5892}{47136}, \quad \frac{5916}{47328}, \quad \frac{5921}{47368},$$

$$\frac{6479}{51832}, \quad \frac{6741}{53928},$$

$$\frac{6789}{54312}, \quad \frac{6791}{54328}, \quad \frac{6839}{54712}, \quad \frac{7123}{56984}, \quad \frac{7312}{58496}, \quad \frac{7364}{58912},$$

$$\frac{7416}{59328}，\frac{7421}{59368}，$$

$$\frac{7894}{63152}，\frac{7941}{63528}，\frac{8174}{65392}，\frac{8179}{65432}，\frac{8394}{67152}，\frac{8419}{67352}，$$

$$\frac{8439}{67512}，\frac{8932}{71456}，$$

$$\frac{8942}{71536}，\frac{8953}{71624}，\frac{8954}{71632}，\frac{9156}{73248}，\frac{9158}{73264}，\frac{9182}{73456}，$$

$$\frac{9316}{74528}，\frac{9321}{74568}，$$

$$\frac{9352}{74816}，\frac{9416}{75328}，\frac{9421}{75368}，\frac{9523}{76184}，\frac{9531}{76248}，\frac{9541}{76328}。$$

欲求等于 $\frac{1}{9}$ 的分数，似乎除分子个位不能是5，千位不能是1外没有其他新的条件，只能先假定分子的个位数字，然后推得前面的各位数字了。其实根据算术中的"弃九法"原理，知道分母既然是9的倍数，那么它的五位数字的和也应该是9的倍数。又因自1至9的九个数字的和是45，恰巧是9的倍数，所以知道分子的四位数字的和一定也是9的倍数。于是除去9，在自1至8的八个数字中把每两个数字可合成9的选出来，得下列四组：

1、8，2、7，3、6，4、5。

再把每三个数字可合成9或18的选出来，得下列六组：

1、2、6，1、3、5，2、3、4，3、7、8，4、6、8，5、6、7。

又把每四个数字可合成18的选出来，计得两组：

1、4、6、7，2、3、5、8。

于是知道分子的四位数字是由上述的两数组中任取两个相配合而成，或由任一个三数组与9配合而成，或即是上述的四数组。总计有下列十四种组合：

1、8、2、7，1、8、3、6，1、8、4、5，2、7、3、6，2、7、4、5，

3、6、4、5，1、2、6、9，1、3、5、9，2、3、4、9，3、7、8、9，

4、6、8、9，5、6、7、9，1、4、6、7，2、3、5、8。

每种组合的四个数字有$4 \times 3 \times 2 \times 1 = 24$种不同的排列，共计有$24 \times 14 = 336$种排列，但其中千位是1的共有$(3 \times 2 \times 1) \times 6 = 36$个，个位是5的也有36个，千位是1而同时个位是5的有4个，所以分子的四位数有$336 - 36 - 36 + 4 = 268$个是有可能性，在这268个可以假定做分子的四位数中，有118个的百位大于千位，它们的9倍数的万位与原数的千位重复，都应去掉，所以实际仅有150个数是需要加以试验的，由此得三种答案：

$$\frac{6381}{57429}, \quad \frac{6471}{58239}, \quad \frac{8361}{75249}。$$

这一个"顽童搬书"的问题，总计一下，连题中举出的一

种答案，共计有答案89种，作者从前曾在"无锡日报副刊"悬赏征答，应征函件千余封中，答案最多的是孙君铭栋，计得83种，尚遗漏等于$\frac{1}{8}$的6种。特附志于此，以留纪念。

益智谜

（44）书分三格　李君把九册《科学大全》改放在分上、中、下三格的新书橱里，两个顽皮儿子又去搬弄，如图，每格放三册，书旁的数码各排成一个三位数，发现中格数为上格数的二倍，下格数为上格数的三倍，后来再请父亲重排，要成同样的关系，父亲又被他们难住了。

1	9	2
3	8	4
5	7	6

（45）三家汲水　A、B、C三家各有一井，顺次是A'、B'、C'，位置如图。今三家约定汲水的道路不能相交，试问应如何走法？但A家的背后有池，是不能通过的。

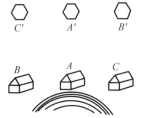

C'　　A'　　B'

B　　A　　C

(46)风中行车　王君在自行车竞赛中曾得过锦标赛冠军。有一次，乘车顺风行一公里，只用了三分钟，回来时逆风，也只费四分钟。那么他在没有风的时候行一公里要几分钟呢？

(47)巧刻竹竿　一舟行于河中，欲测河深，舟中只有长五尺、七尺、十二尺的三根棒，用十二尺长的一根方能抵及河底。但因棒上没有刻度，欲设法用五尺和七尺的两棒交换使用，每次用一棒，使其一端与另一棒一端相齐，由另一端即可在十二尺的棒上标记刻度，舟中人想了好久，才能用最少的次数在这棒上刻下十一道痕迹，平均分成十二段。

(48)灯牌敷线　某公司制一广告牌，如图所示，装六十四只电灯。雇电工接线，从A经各灯到B，用线最少，且不能相交，问如何接法？

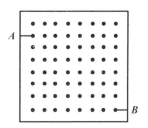

(49)航海故事　西方有一著名故事，说有基督教徒和土耳其人各十五个，同船航海，忽遇飓风，这船因重量过大，将要沉没，船主声明要在三十人中选出半数投入海中，以救此船，并设一公平办法，令三十人排一圆周，从基督教

徒中的老牧师起，顺次数一、二、三……数到第十三人就投入海中，第十四人又数一，以后每数到第十三人就投到海里。众人都希望逃生，只得应允。于是老牧师立刻召集教徒说："我昨夜梦见上帝要救他的信徒，吩咐只要如此如此，就能脱险。"教徒们依计而行，结果投入海中的恰巧都是土耳其人。读者试猜他们是怎样办到的？

附　录

——益智趣质

（1）行军不利　因十人一排时末排缺一人，可见兵数比十的倍数少一。同理，知道兵数比九、八、七……二的倍数都少一。所以先求十、九、八、七……二的最小公倍数，得2520，因不满三千，乃加倍得5040，减少一，得答案5039人。

（2）牧童妙语　在镜中照见的物体都是左右相反的。数字除0外，只有1和8与在镜中照见的一样。于是知道山羊和绵羊一定都是9只，因为它们的乘积81在镜中照见的恰巧等于和数18。

（3）瓜葛之亲　赵君为李父的妻弟之子，即为李的表弟，又李君为赵的姐夫之兄，即赵君为李弟的妻弟，所以李弟娶的是表妹，是一重中表联姻。又赵君为李岳翁的侄，李君为赵姑母的侄女之夫，则李君必娶赵的堂姐，即娶他的表姐, 又是一重中表联姻, 看下列的系统表即可明了。

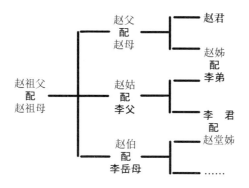

（4）智牛避车　火车每时行120里, 则每秒必行50尺, 牛每秒仅行10尺。火车距桥东端96尺, 牛则仅距19尺。相向而行时, 火车费1.92秒而达桥东端, 牛仅需1.9秒, 火车在迟到的0.02秒内可行1尺, 所以牛到桥边时, 火车尚距1尺, 可保性命。若沿同一方向而行, 则火车用2.88秒而达桥西端, 牛则需2.9秒, 牛迟到的0.02秒可行0.2尺, 所以火车抵达桥边时, 牛还差着2寸, 一定要被火车撞死了。

（5）故弄玄虚　今天一定是星期日。因为以后日（星期二）为昨日的今日是星期三, 以前日（星期五）为明日的今日是星期四, 本星期三同星期日（即今天）相距三日, 上星期四同星期日（即今日）也相距三日。（每星期以星期日为开始的一天）

（6）跌碎钟面　钟面上十二个数的和是78, 不是4的倍数, 知道必定是某一个罗马字的数碎成两数, 这两数的和数较原数多2, 于是全部的和是80, 碎成四块的每一块上的和是20。如下图所示。

（7）十字成方 欲使四条的长边包围一正方形, 若只移动一条, 这是绝对不可能的。因题中只说"得一正方形", 所以可移动下方的一条, 使四端的接触处中间留出一小正方形的空隙即得。

（8）教堂怪钟 钟上的长短两针配错后, 唯有在两针成一直线时所示的时刻是准确的。譬如在6时就成一直线, 是准确的。此后到7时 $5\frac{5}{11}$ 分再成一直线, 就是老钟表匠第一次返回时看到的时刻。至于第二次则是在8时 $10\frac{10}{11}$ 分。以后每增加1时 $5\frac{5}{11}$ 分，都能准确无误。

（9）巧插金针　第一针插在第一列第三点，第二针插在第二列第六点，第三针插在第三列第二点，第四针插在第四列第五点，第五针插在第五列第一点，第六针插在第六列第四点。

（10）笨兄笨弟　兄年三十岁，弟年二十岁。兄言十年后年龄倍于弟，他只知道自己那时已四十岁，是弟二十岁的二倍。弟言十年后年龄等于兄，他只知道自己那时已三十岁，同兄三十岁相等。他们的错误是只知自己的年龄会增大，忘了别人的年龄同样会增大。

（11）二父二子　二父二子实际是祖、父、子三个人。因祖是父的父，父是子的父，所以称二父。又因父是祖的子，再加父的子，所以称二子。三人均分餐费三元，当然每人出一元。

（12）巧割纸条　第一条在2,3间割断，上下对调。第二条在4,5间，第三条在6,7间，第四条在1,2间，第五条在3,4间，第六条在5,6间，均割断后上下对调，第七条不割，如图拼合之即成。

3	5	7	2	4	6	1
4	6	1	3	5	7	2
5	7	2	4	6	1	3
6	1	3	5	7	2	4
7	2	4	6	1	3	5
1	3	5	7	2	4	6
2	4	6	1	3	5	7

（13）植木难题　如图，把×处的四株树移去，改植于○的位置。这样一来，就成了七行，每行仍旧有树四株。

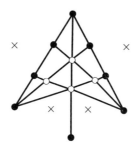

（14）巧解石像　分每边五尺的正方形为四，拼成每边四尺和三尺的两个正方形，方法很多，但多数拼合后的人像有一部分歪倒。如图所示的一种（依粗线解开）是不歪的。

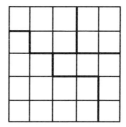

（15）矮贼被捕　假定警察仅行1步而追到矮贼，则这段距离让矮贼去走，需走 $\frac{5}{2}$ 步。又警察走1步的时间内，

矮贼走了$\frac{8}{5}$步。故以矮贼的跨步为标准，警察比矮贼多走

$\frac{5}{2}-\frac{8}{5}=\frac{9}{10}$步。现在已知警察比矮贼一共多走27步，所以实

际警察行$27\div\frac{9}{10}=30$步而追到矮贼。

（16）三人分酒　这个问题有两种解答，现在举出一种，另一种留待读者自己去求。甲、乙二人各得满瓶二、空瓶二、半瓶三，丙得满瓶、空瓶各三、半瓶一。

（17）巧贯九星　这里所要画的线若折断处完全要在星上，那么至少要折四折才成。而题中没有这样的限制，所以可按如图所示的方法。

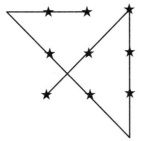

（18）判别夫妻　假定仅有赵钱二君和长次二姊共四人配成夫妇，则有2种不同的配法，如（一）赵配长、钱配次，（二）赵配次、钱配长。假定赵钱孙三君配长次三姊妹，则孙配三时，赵钱的配法有上述的2种，孙配长时，赵钱的配法也有类似的2种，孙配次时仍是一样，所以共有$2\times3=6$

种不同的配法。因六人配三对夫妇既有6种不同的配法，故八人中确定李配幼妹，则其他六人配三对有6种配法，确定李配长、李配次、李配三时，其他六人各有6种配法，共计有6×4＝24种不同的配法。我们假使把这24种配法分别列成一表，再逐一试验，一定可以选得一种是合于题意的。下面就是本题的答案：赵配三姊、钱配幼妹、孙配长姊、李配次姊。这样配法共计吃饼三十二个，余八个，八人均分，各得一个而尽。

（19）火柴难题　这个问题难在所列的两个四边形一是长方形、一是斜方形，否则无法可解。用火柴六根列成长方形，其余十二根列成斜方形。这斜方形的高等于一根半火柴的长，如右图。设火柴每根长一寸，则前者的面积是2×1＝2方寸，后者的面积是 $4 \times 1\frac{1}{2} = 6$ 方寸，后者恰为前者的三倍。

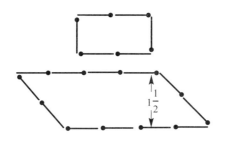

（20）铁道架空　圆的直径是1，则圆周长约为3.1416，

故直径增1尺, 则圆周必增3尺长——比较精密地说是3.1416尺; 直径增2尺, 圆周必增6尺长。反过来说, 圆周若增6尺, 直径必增2尺长, 即半径增1尺长。今地球赤道是一圆, 它的半径就是地球的半径, 周长增6尺, 它的半径必较地球的半径增1尺长, 故铁轨同地面的距离将近一尺。

（21）男女同餐　有男子四人、女子三人, 其中一男子目中所见的是其他三男子和三女子, 所以说相等, 其中一女子目中所见的是其他二女子和四男子, 所以说男倍于女。他们都没有把自己算在里面。

（22）计搬家具　搬移的次数最少是十八次。顺序是橱、琴、架、橱、琴、箱、桌、琴、橱、架、箱、橱、琴、桌、橱、箱、架、琴。

（23）巧移方木　至少移动三十九次, 顺序是14, 15, 10, 6, 7, 11, 15, 10, 13, 9, 5, 1, 2, 3, 4, 8, 12, 15, 10, 13, 9, 5, 1, 2, 3, 4, 8, 12, 15, 14, 13, 9, 5, 1, 2, 3, 4, 8, 12。

（24）掘洞难题　这个洞掘成后应深九尺, 可用代数一次方程式解得。

（25）货车调位　分下列五步:（1）R左行至a, 退入左支路, 送P至c。（2）R由原路出, 退行至b, 入右支路送Q与P连, 拖二车出, 入干路置P于f。（3）R拖Q入右支路, 送Q至c。（4）R由原路出, 再入干路, 拖P退入右支路, 置P于e。（5）R

出, 经b, f, a, d, 将Q由c拖至d, 放下后回至f。

（26）百卵百钱　仿百鸡百钱的问题, 先假定没有鹅蛋, 用鸡兔类法, 可求得鸭蛋20个, 鸡蛋80个。再求增减数得鹅蛋增五, 鸭蛋减九, 鸡蛋增四, 增减一次得第一个答案: 鹅蛋5个, 鸭蛋11个, 鸡蛋84个。继续增减一次得第二个答案: 鹅蛋10个, 鸭蛋2个, 鸡蛋88个。

（27）棋分黑白　黑白棋各四子时: 左2, 3; 右5, 6; 右2, 3; 左1, 2。

五子时: 左2, 3; 右4, 5; 左5, 6; 右2, 3; 左1, 2。

六子时: 左2, 3; 右6, 7; 左4, 5; 右5, 6; 右2, 3; 左1, 2。

七子时: 左2, 3; 右5, 6; 左5, 6; 右6, 7; 左7, 8; 右2, 3, 左1, 2。

八子时: 左2, 3; 右8, 9; 左5, 6; 右5, 6; 左6, 7; 右7, 8; 右2, 3; 左1, 2。

九子时: 左2, 3; 右5, 6; 左6, 7; 右8, 9; 左5, 6; 右6, 7; 左9, 10; 右2, 3; 左1, 2。

十子时: 左2, 3; 右10, 11; 左5, 6; 右6, 7; 左8, 9; 右5, 6; 左6, 7; 右9, 10; 右2, 3; 左1, 2。

十一子时: 左2, 3; 右5, 6; 左8, 9; 右9, 10; 左5, 6; 右6, 7; 左7, 8; 右10, 11; 左11, 12; 右2, 3; 左1, 2。

十二子时:左2,3;右12,13;左5,6;右8,9;左9,10;右5,6;左6,7;右7,8;左10,11;右11,12;右2,3;左1,2。

(28)列杖成方　这十二根手杖列成一尺见方的小正方形,方法虽多,但只有如下图的一种是全都附着在橱板上的。

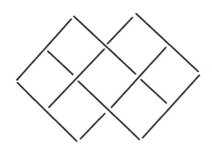

(29)智猜帽色　一共五只帽子,二红三蓝。若甲、乙二人头上戴的都是红帽,那么丙立刻可以猜得自己头上的是蓝帽。现在丙猜不出自己的帽色,可见甲、乙二人戴的绝不会都是红帽,一定是一红一蓝或都是蓝帽。又若甲戴的是红帽,那么第二次乙猜的时候,可以确定自己的是蓝帽。因为二人绝不会全戴红帽。现在既然乙也猜不出,可见甲戴的不是红帽,那么一定是蓝帽了。

(30)火里逃生　(一)幼子下,空篮上;(二)长子下,幼子上;(三)王君下,长子上;(四)幼子下,空篮上;(五)长子下,幼子上;(六)幼子下,空篮上;(七)王妻下,王君偕二子同上。以下与首先的六次相同,计十三次而都到地面。

（31）十友聚饮　第一日每侧五人，每人敬同侧者一杯，自陪一杯，计每人饮酒五杯，十人共饮五十杯，付款千元，每杯价二十元。第二日一侧六人，每人饮六杯，另一侧四人，每人饮四杯，共饮五十二杯，该价一千零四十元，某乙只带一千元，所以要窘态毕露了。

（32）鼠啮票据　每匹价二千一百七十元，共计五十九万四千五百一十元，可用代数不定方程式求得。

（33）挂灯结彩　这彩牌中各线的交点共有四十七个，从每个交点引出的线的条数有二、四、五、六、八共计五种。其中出线的条数成偶数的绝不能做起迄点，所以只有牌顶和大圆心的两点是出线五条的，可做起迄点。于是有起于牌顶到大圆心，及起于六圆心到牌顶的两种结法。至于中途经过的路，则四通八达，取径极多，这里不再赘述。

（34）家族渡河　先令二子渡河，一子登彼岸，一子划船返；夫（或妇）上船渡到彼岸，彼岸一子划船返；二子同渡，一子返；妇（或夫）一人渡，又一子返；二子同渡，一子返；这子携犬再渡——于是全家到达彼岸。

（35）兄弟论年　今年兄七十岁，弟四十二岁。可用代数联立方程式求之。

（36）渔翁妙语　渔翁所说的数目，是指阿拉伯数字。无头的六，他的意思是6字没有头；无尾的九，意思是9字没

有尾；八的一半，意思是8字的上半或下半，所以实际捕得的
鱼等于0，就是一条也没有捕到。

（37）**工作比赛**　某甲在中途休息0.5分钟，某乙休息8.5
分钟。甲包糖48包，用时24分，连休息的0.5分共用24分30
秒。乙剪布48块，只需剪47刀，用时15分40秒，连休息的8.5
分共用24分10秒。于是知道乙胜甲20秒。假使你当作乙剪了
48刀，用时16分，连休息共用24分30秒，同甲不分胜负，那就
错了。

（38）**巧妇分米**　需倾倒七次：（一）自甲器倾满乙器；
（二）自乙器倾满瓦罐；（三）乙器所余八升倾丙器中，丙就
可以拿去了；（四）自瓦罐倾入甲器；（五）与（一）同；（六）
与（二）同，乙器内就余八升；（七）与（四）同，甲器内也得
八升。

（39）**十指箕斗**　假定每一个人只有一个指头，那么第
一个人是箕，第二个人是斗，第三个人起就要和开头两人中
的其中一人相同，所以只有2种不同的变化。假定每人有两
个指头，那么第一个指头是箕时，第二个指头可能有前述的
2种变化；第一个指头是斗时，也有同样的2种变化，所以共
有$2 \times 2 (=2^2)=4$种不同的变化。假定每人有三个指头，那
么第一个指头是箕时，第二、三两个指头可能有前述的4种
变化；第一个指头是斗时也一样，所以共有$4 \times 2 (=2^3)=8$

种不同的变化。以小喻大,可见每一个人既然有十个指头,那么箕斗应有2^{10}=1024种不同的变化。就是说在1024个人里面,他们的箕斗可能都有一些不同,但是第1025个人就一定要和前面的1024人中的某一个人完全相同了。于是知道全中国五亿多人民,平均约有五十万个人的箕斗是完全相同的。

(40)教祖先知 假定中塔的环只有两枚,那么移动的次数是3次,就是:移第一环至右;第二环至左;第一环至左。假定环有三枚,那么移动的次数要7次,就是:一至左;二至右;一至右;三至左;一至中;二至左;一至左。假定环有四枚,那么移动的次数要15次,就是:一至右;二至左;一至左;三歪右;一至中;二至右;一至右;四至左;一至左;二至中;一至中;三至左;一至右;二至左;一至左……因3=2^2-1, 7=2^3-1, 15=2^4-1, ……以小喻大,知道还有六十四枚时的移动次数是

$$2^{64}-1=18446744073709551615。$$

我们移环的次数就算是每分钟一百次,也要经过三千五百万万年以上,可见,这需要移动的次数是多么庞大!

(41)邻翁分马 先牵去十一匹,余一百三十二匹,长子得二分之一计六十六匹,次子得三分之一计四十四匹,幼

子得四分之一应是三十三匹，现在只剩二十二匹，把牵去的十一匹补入，恰巧分完。

(42) 孩子赌钱　这孩子有损无益，赌愈久损失愈大，设孩子袋中原有一百元钱，第一次友人负，孩子胜五十元，共有一百五十元。题中说二人胜负的次数相等，若赌两次，则第二次孩子负，友胜七十五元，结果孩子就损失二十五元。若二人胜负的次序相反，结果无异。若共赌四次、六次……则孩子的损失更大。至于胜负的次序可任意假定，只要胜负的次数相等，总是得到相同的结果。

(43) 神童分酒　共倒十五次：

（一）由瓶倒满壶；

（二）由壶倒满筒；

（三）筒中的全部倒入瓶；

（四）壶中的全部倒入筒；

然后照上述循环操作四次。

(44) 书分三格　上格三册书的数码连成的三位数，最小是123，最大是329。在这两数间的207个三位数中，除去有0的、个位是5的及有重复数字的共97个数外，尚有11个三位数，分别试得它们的2倍及3倍的数与原数共九个数字中没有0且不重复的就是答案，除题中的一种外，尚有图示的三种。

2	1	9
4	3	8
6	5	7

2	7	3
5	4	6
8	1	9

3	2	7
6	5	4
9	8	1

（45）三家汲水　依下图所示的路线，三家可各到自己家的井中去汲水，而所走的路并没有相交。

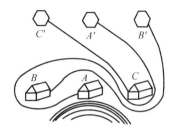

（46）风中行车　这个问题乍一看是极容易的，小学生也会回答说是三分半钟。其实要是这样容易，就算不得是一个谜了。我们想：顺风时行的1公里，他得了风在3分钟里的助力；逆风时行的1公里，他受了风在4分钟里的阻力，双方绝不能相抵，所以不能用"平均法"求到答案。现在他顺风3分钟行1公里，则4分钟可行 $1 \times \frac{4}{3} = 1\frac{1}{3}$ 公里；所以他往返共8分钟可行 $1 + 1\frac{1}{3} = 2\frac{1}{3}$ 公里，而风力顺逆恰相抵消。于是知道无风时行1公里要费时 $8 \div 2\frac{1}{3} = 3\frac{3}{7}$ 分钟，即3分26秒弱。此题若用普通算术解之，顺风速度每分钟 $\frac{1}{3}$ 公里是无

风速度与风行速度的和, 逆风速度每分钟 $\frac{1}{4}$ 公里是无风

速度与风行速度的差, 由"和差法"得无风速度是每分钟

$\left(\frac{1}{3}+\frac{1}{4}\right)\div 2=\frac{7}{24}$ 公里, 故无风时行1公里用时 $1\div\frac{7}{24}=3\frac{3}{7}$ 分

钟。

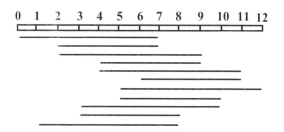

（47）巧刻竹竿　本题的解法虽多, 但题中规定要两棒

交换使用, 且纯用棒端量得, 这样就只有上图所示的一种

方法。计经十一次而刻毕。

（48）灯牌敷线　本题的答案如图所示, 照这样连线是

用线最少且不相交的。

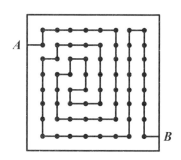

（49）航海故事　老牧师的位置作为第1位，则其余十四个教徒应列于第2, 3, 4, 5, 10, 11, 14, 16, 17, 19, 21, 24, 27, 28位。这样一来，十五个基督教徒都不致被投入大海。推算的方法其实只能凭着试验。我们顺次写下自1至30共三十个数，列成一环，自1起顺次数到第13就把它圈去，下一个仍从1数起，数到13再圈去。依此进行，已圈去的表示已投入海的人，不能再数。圈满十五个数后，那余下的就是前面所举的各数。